小粒牧草种子
丸粒化包衣技术

侯占峰 等 著

中国林业出版社
China Forestry Publishing House

图书在版编目（CIP）数据

小粒牧草种子丸粒化包衣技术 / 侯占峰等著.

北京 ： 中国林业出版社，2025. 5（2025.8重印）. -- ISBN 978-7-5219-
3198-3

Ⅰ. S540.35

中国国家版本馆CIP数据核字第2025Q05Z67号

责任编辑：于晓文

装帧设计：北京钧鼎文化传媒有限公司

出版发行　中国林业出版社（100009，北京市西城区刘海
　　　　　胡同 7 号，电话 010-83143549）

电子邮箱　cfphzbs@163.com

网　　址　https://www.cfph.net

印　　刷　河北鑫汇壹印刷有限公司

版　　次　2025 年 5 月第 1 版

印　　次　2025 年 8 月第 2 次印刷

开　　本　710mm×1000mm　1/16

印　　张　11.25

字　　数　250 千字

定　　价　88.00 元

—— 著者名单

侯占峰　马彦华　刘海洋　薛　晶

郭　芳　马学杰　戴念祖　刘　敏

郭梦君　仇　义

前 言
PREFACE

　　草原是我国重要的植被类型之一，也是重要的可更新资源和草地畜牧业基地。由于长期超载过牧、气候变化、虫鼠害频发等人为因素和自然因素的协同影响，导致我国部分可利用草原出现了不同程度的退化。草地退化的同时引发了一系列严重问题，包括地上植物群落物种组成和比例发生变化、牧草品质和产量下降、草畜矛盾突出、草地碳储量降低、温室气体排放增加、物种多样性失衡和减少及灾害天气频发等，已经成为影响我国草地生态、经济稳步发展的限制因子。内蒙古草地为欧亚大陆草原区的重要组成部分，占全自治区总土地面积的 67%。内蒙古自治区退化草原面积已占全自治区草原面积的 31.77%。特殊的地理环境和气候特点决定了全自治区生态系统的脆弱性、反复性和不稳定性，正趋向于成为一个不能自我维持和不可持续发展的系统。因此，亟须寻求退化草地有效恢复途径，减缓或逆转草地退化趋势。

　　目前，草地补播是国内外对退化草地植被恢复与重建采用的重要措施之一，即在不破坏或少破坏天然草原原有植被的情况下，撒播一些适应性强、饲用价值高的优良牧草种子的措施，促进其植被形成并向典型自然植被系统演替过渡。内蒙古自治区退化草地面积较大，对退化草地植被恢复与重建的最有效的对策是利用飞播或喷播技术完成草地重建。然而，大多数适宜飞播或喷播的牧草种子由于千粒重较小，在播种过程中存在易随风飘散、被鸟捕食及不易入土固着发芽生长等问题，即使撒播于土壤表面的种子，由于土壤有机质含量低、含水量低等环境因素的影响，常出现种子发芽率低、固着不稳定等现象。利用牧草种子丸粒化包衣技术可以增加草种子的质量和体积，不仅满足飞播和喷播的要求，同时种子丸粒化可以在小粒种子周围包裹适宜牧草更好生长发育的材料，满足牧草种子发芽所需要的水分、营养和抗病害条件，确保幼苗健壮生长。因此，研究牧草种子丸粒化包衣技术并开发适用于小粒牧草种子的丸粒化包衣设备，对于恢复与重建退化草地植被，进一步改善草原生态环境，实现畜牧业可持续发展具有重要的意义。

本书是编者团队结合内蒙古自治区退化草地植被恢复的实际需求，提出了"振动力场作用下的草种丸粒化包衣工作参数及其包衣机理研究"命题，先后开展了内蒙古自治区自然科学基金项目"振动力场作用下草种丸粒化包衣工作参数及其包衣机理研究"、内蒙古自治区高等学校科学技术研究项目"小粒牧草种子丸粒化包衣质量调控机理研究"、内蒙古农业大学青年教师科研能力提升专项"牧草种子振动丸粒化包衣机参数优选与机理研究"、内蒙古自治区重点研发和成果转化计划"基于包衣牧草种子喷播技术的退化草地工程修复关键技术装备开发与研究""牧草饲料生产全程智能化装备内蒙古自治区工程研究中心"等项目的研究工作，本著作是上述研究成果的系统总结。本书从小粒牧草种子丸粒化包衣技术国内外发展现状、丸粒化包衣装备类型及关键技术、丸粒化包衣机理及离散元仿真等方面系统地介绍了牧草种子丸粒化包衣技术。针对现有种子丸粒化包衣设备丸粒化合格率低、机理研究不足、对于不同类型种子适应性弱等问题，提出将振动力场引入传统旋转式种子丸粒化包衣中，利用振动与旋转的复合运动来促进种子与种衣剂的均匀且充分混合，匹配适合的运行参数提高丸粒化合格率及作业品质，进而探索牧草种子丸粒化包衣机理，结合丸粒化包衣工艺，发展了提高小粒牧草种子丸粒化包衣质量的关键技术。本书的相关研究不仅具有较高的学术研究价值，而且具有广阔的实际应用前景，为开发牧草种子丸粒化包衣设备及类似工作效率高、包衣效果好、丸粒化种子质量高的新型丸粒化包衣设备提供理论基础与技术依据。

参加本书撰写的人员有内蒙古农业大学侯占峰（编写第 4 章、第 7 章），马彦华、刘海洋、薛晶（编写第 3 章），郭芳（编写第 1 章、第 2 章），马学杰、郭梦君（编写第 5 章），吉林农业大学刘敏、山东农业大学戴念祖（编写第 6 章），扬州工业职业技术学院仇义（编写第 8 章）。全书由侯占峰教授负责统稿，陈智教授负责主审。本书在撰写过程中参考了大量有关论著，所引用文献均标在各章之后，在此向原作者表示谢意。对参与本书编写及参与本书相关内容研究的弥龙凯、邵志威、戴念祖、马学杰、崔洪旭、陈利杰、仇义、刘敏、陈立颖、田涛等人所付出的辛勤劳动表示感谢。

本书可供从事牧草种子丸粒化包衣技术研究的科技工作者使用参考。在撰写过程中我们力求科学、完整、准确，但由于作者水平有限，书中难免存在不足之处，恳请读者批评指正。

著 者

2024 年 12 月

目 录
CONTENTS

第 1 章

绪 论

随着我国畜牧业现代化进程的不断推进，对优质饲草种子的播种效率和出苗质量提出了更高要求。小粒牧草种子因粒径小、形态不规则等特点，在机械播种过程中易出现播种效果差、出苗率低等问题，严重制约了草业生产效能的提升。为提高播种精度与作业效率，种子丸粒化包衣技术受到广泛关注，并成为牧草种子处理和农业机械化发展的关键方向之一。

1.1 小粒牧草种子丸粒化包衣技术研究意义

草原是我国重要的畜牧业养殖基地，内蒙古草地占全自治区总土地面积的 67%，是欧亚大陆草原区的重要组成部分。内蒙古大部分区域基本处于干旱、半干旱以及亚湿润干旱地区，特殊的地理环境和气候特点决定了全自治区生态系统的脆弱性、反复性和不稳定性，也决定了生态建设与保护的艰巨性和长期性。长期以来，内蒙古一直都是全国沙化和荒漠化土地的重点监测区域。根据内蒙古第六次荒漠化和沙化土地监测结果显示，截至 2019 年，全自治区 12 个盟（市）的 83 个旗（市、县、区）分布有荒漠化土地，面积为 88966 万亩（1 亩 ≈ 0.667hm²），占自治区面积的 50.14%；有 92 个旗（市、县、区）分布有沙化土地，面积为 59723 万亩，占自治区面积的 33.66%。草原沙化、退化的人为因素主要是不合理开发利用草原资源，如超载放牧、采矿和修路等工程活动。典型沙化、退化草原地表形貌如图 1-1 所示。草原一旦出现退化，豆科、禾本科、菊科中优质的牧草大量减少，直接导致可饲牧草产草量下降，同时将出现不可饲、劣质、有毒、有害的毛茛科、大戟科等植物比例增加，最终导致牧畜供养量下降。与此同时，沙化草地还会引起风沙及沙尘暴等自然灾害加剧，对更多地区产生危害。内蒙古自治区大部分地区处于干旱、半干旱区，荒漠化和沙化土地面积大、分布范围广，自然环境依然脆弱，全自治区还有 2 亿亩沙化土地待治理，防沙治沙任务仍然艰巨。已经治理的沙化土地林草植被处于恢复阶段，极易反复，巩固治理成果任务艰巨。因此，加大草地植被的修复，加快退化草地的治理，逐渐改善与恢复草原生态系统的可持续发展是当前十分紧迫的任务。

（a）　　　　　　　　　　　　（b）

图 1-1　典型退化草地地表形貌

退化草地生态系统功能恢复和持续改善是事关经济社会可持续发展和人民生活质量提高的重大问题，与国家重大科技需求与草地的生态恢复、改良及利用紧密相关。《国家中长期科学和技术发展规划纲要（2006—2020 年）》中环境优先主题提出"退化生态系统恢复与重建技术"。党的十九大报告指出，统筹山水林田湖草系统治理，加大生态系统保护力度，实施重要生态系统保护和修复重大工程。2021 年发布的《全国重要生态系统保护和修复重大工程总体规划（2021—2035 年）》（简称"双重规划"）规划目标：到 2035 年，通过大力实施重要生态系统保护和修复重大工程，全面加强生态保护和修复工作。国家"十三五"科技创新规划也将"草原生态保护和草牧业全产业链提质增效，草原生态退化机理、生态保护与修复"作为重要的技术研究内容。"十四五"规划提出加快推动绿色发展，采取以"山水林田湖草沙"生态治理思想推进草原治理和生态文明建设。可以看出，党的决策和国家重大科技需求均与天然草地的改良及生态恢复紧密相关，实现草地生态系统功能的恢复和持续改善事关经济社会的可持续发展和人民生活质量的提高，具有重要的战略意义。因此，亟须寻求退化草地有效恢复途径，减缓或逆转草地退化趋势，牧草种子作为种业发展进步的"芯片"，是建设生态文明，实现我国农业以及生态恢复至关重要的物质材料。

目前，国内外主要采取草地封育和草地补播两类措施进行退化草地植被恢复。草地封育是通过禁牧、网围等方式，对受损严重的草原退化区进行防护，依靠退化草地植被系统本身的恢复能力达到自我恢复。草地补播是在退化草地撒播适应性强、饲用价值高的优良牧草种子，利用人工干预的措施使退化草地植被恢复的方法。长期研究表明，上述两类措施各有优缺点，草地封育是广泛使用的退化草地恢复技术之一，但草地封育措施要求草地具有降水量充足等较好的适合植物生长的自然条件，由于植物自身生长缓慢，导致整个修复周期长。草地补播也是常用的改良重度退化草地的重要措施之一，该方法主要通过增加草地植被中的种类达到草地恢复目的。但在退化草地区域补播草种存在着很多困难：一是天然草地的地形一般起伏不平，补播时不能大规模动土平整土地以及损伤原有植被，依靠人工或机械（如免耕机）补播牧草种子已经不能满足大面积草地植被恢复与重建的需要。对退化草地植被恢复与重建的最有效的对策是利用飞播或喷播技术完成草地重建。大多数适宜飞播或喷播的牧草种子由于千粒重较小，在播种过程中存在易随风扩散、被鸟捕食、不易入土固着发芽生长等问题；二是草地退化地区降水时空分布不均，具有降水量较少，土壤有机质含量低、含水量低等特点，小粒牧草种子在自然环境条件下萌发和建植困难，具有不确定性。通过丸粒化包衣进行牧草种子播种前处理，可以增加牧草种子的质量和体积，不仅满足飞播和喷播的要求，解决种子在机械播种时流动性差的难题，同时种子丸粒化可以在小粒种子周围包裹适宜牧草更好生长发育的材料，满足牧草种子发芽所需要的水分、营养和抗病害条件，确保丸粒化包衣种子的萌发速率和保苗率。牧草种子丸粒化包衣技术是退化草地修复建植的重要措施，在经济效益方面节约成本，在播种时有利于节约种子，从而实现牧草的最大生态效益和经济效益。因此，通过对种子进行丸粒化处理可为草地退化区域恢复等生态修复提供有效的恢复策略和治理手段。

1.2 丸粒化包衣技术国外发展现状

种子丸粒化包衣技术是在不改变原种子生物学特性的基础上，将丸粒化包衣材料利用种子包衣机的作用附着在种子表面，最终使小粒种子体积增大、外形近似种子形状且具有一定强度的颗粒。从 20 世纪 40 年代到今天，世界各国学者们都在种子丸粒化包衣技术方面开展了研究，并在农作物、花卉、蔬菜等种子成功应用丸粒化包衣技术。

随着欧洲温室育苗产业的兴起，1926 年美国科学家 Thornton 和 Ganulee 最早提出了对种子进行包衣处理的概念，从此拉开了种子包衣技术的发展序幕。与此同时，种子丸粒化技术在种子包衣技术的基础上也逐渐发展起来。20 世纪 40 年代，美国最早开始了种子丸粒化技术的研究，并最早把丸粒化包衣技术应用在烟草种子，巴西、日本也逐步开始了该项技术的研究。如 20 世纪 80 年代，北欧在甜菜种子的种植基本全部使用了丸粒化包衣技术；20 世纪 90 年代，荷兰、英国丸粒化包衣技术使用范围达到 90%，尤其是花卉种子、莴苣种子得到广泛使用。丸粒化技术在国外应用广泛，涵盖了大田作物、花卉和蔬菜等小粒种子，发达国家地区已逐步建立并完善丸粒化技术规范要求。

在种子丸粒化包衣设备研发方面，美国、德国、荷兰、澳大利亚、瑞典等国家种子包衣技术研究起步早，机械自动化水平高，其包衣设备完成了从机械翻斗式到自动程度较高的甩盘雾化式的过渡，丸粒化包衣设备也正向智能化、精细化的方向发展，如德国佩特库斯 CM 系列种子包衣机（图 1-2）的设计采用了气垫技术，通过向包衣机内输送空气而形成气垫，有效减少种子和包衣机设备之间的摩擦，能够确保种子与丸粒化包衣粉料在混合室内的充分混合运动。丹麦 HEID 公司生产的连续分批式 CC 型旋转种子包衣机（图 1-3），配备高精度的进料秤和种衣剂计量系统，自动控制系统完成物料、药液的协调计量与供给，可以有效避免由于人工操作带来的误差，种子丸粒化包衣质量大大提高。法国的 Ceres 公司研制的多层种子丸粒化包衣机与其他类型包衣机相比，在种子的干燥、风选、种子质量检测等方面具有较大的优势。除此之外，英国 Germains 公司的 Spectracota 旋转式全系列包衣设备、美国 Universal Coating Systems 公司 CCS 系列离心种子包衣机、美国 SPE 公司

图 1-2 德国 CM 系列丸粒化设备

图 1-3 丹麦 CC 系列丸粒化设备

图 1-4 美国 RPS 系列丸粒化设备

图 1-5 瑞典 R 系列丸粒化设备

生产的 RPS 系列旋转型丸粒化机（图 1-4）、德国 SUET 公司生产的 RTF 型、KWS 公司生产的 CT 系列、瑞典生产的 R 系列（图 1-5）等丸粒化包衣机的包衣效率和应用范围都有其独特的优势。

国外制造丸粒化包衣机从试验室的专用小型机到大型的商用机一应俱全，能够从研发到生产快速迭代，商业化程度高。在机械故障率、机械寿命、封闭性和气流稳定性上具有相对稳定性较高、不易损坏等特点，但同时也存在操作控制系统复杂、智能化水平高、价格昂贵等特点。

1.3　丸粒化包衣技术国内发展现状

　　我国的种子丸粒化包衣技术从 20 世纪 80 年代开始引进、消化、吸收，直到 20 世纪 90 年代才进入推广应用阶段。近年来，国内一些高校、科研院所和生产企业加大了对种子丸粒化包衣设备的研究，丸粒化包衣机设计研发出多种形式，如滚筒式、揉搓式、倾斜旋转包衣锅和立式包衣锅等多种结构形式，药液、粉料、种子的计量与供给装置由机械调速发展到变频调速，控制系统由人工操作的简易控制发展到集中全自动协调控制，丸粒化包衣效率和质量都有所提高，取得了较大进步。例如，农业农村部农业机械试验鉴定总站和农业农村部南京农业机械化研究所共同研制成功的 5WH-150 型种子丸粒化设备（图 1-6），该设备由于供粉、供液均匀，自动化控制程度高等优点，使得丸粒化包衣种子的无籽率和多籽率低；中国农业机械化科学研究院先后研制并开发了 5BW50-80 种子包衣 / 丸粒化机组、5BW50-30T 型台式包衣机（图 1-7）等种子丸粒化包衣机，以及上海交通大学研制的 BY2150A 型种子包衣机、杭州钱桥机械厂生产的 5BYX-3.0 型种子包衣机、酒泉奥凯种子公司生产的 5BY-5.0V 型种子包衣机（图 1-8）、黑龙江省农业机械工程科学研究院自主设计的 5BJZ-3.0 型新型种子包衣机、石家庄三立谷物机械股份有限公司研制生产的 5BYX-5 型滚筒式种子包衣机组（图 1-9）。

图 1-6　5WH-150 型种子丸粒化设备　　图 1-7　5BW50-30T 型种子丸粒化设备

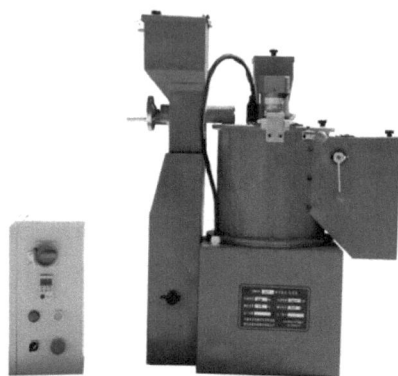

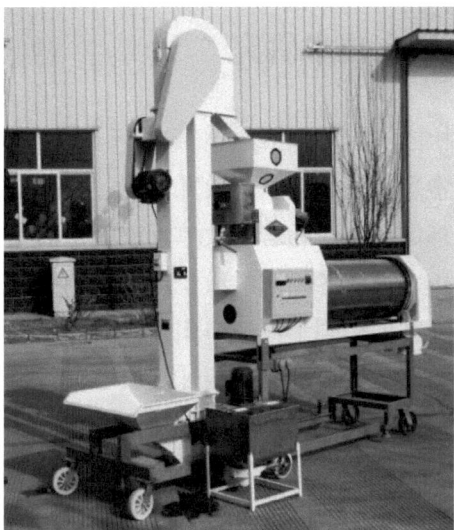

图 1-8　5BY-5.0V 型种子包衣机

图 1-9　5BYX-5 型种子包衣机

丸粒化包衣机械研究者们不仅设计开发出了适合各种类型种子丸粒化包衣的设备，还针对各类设备开展了自动化作业控制方面的研究。甘肃农业大学的杨婉霞等（2014）对酒泉奥凯种子公司生产的 5BY-5.0V 型种子包衣机进行智能化控制，实现了种子与药剂的同步供给和精确控制，从而有效提高了包衣质量。上海交通大学沈慎（2005），南昌大学姜玉龙（2007）、何军庆（2008），农业部南京农业机械化研究所胡良龙（2006），甘肃农业大学王丽维（2009）、王关平等（2013），针对我国包衣机控制技术存在的问题，利用单片机技术、PLC 技术建立了种子包衣机控制系统，完成了包衣机软、硬件的开发与设计，实现了包衣过程关键参数的自动控制，开发的控制系统自动化程度大大提高，能有效提高包衣质量和包衣效率。农业农村部南京农业机械化研究所胡良龙等（2006）为了提高 5B-5 型种子包衣设备的包衣质量，实现种药均匀供给和精确计量，研究开发了种子计量校正计算和控制方法。

结合国内外研究现状可以看出，我国在相关领域对种子丸粒化包衣技术已经做了大量的研究工作，先后有多家企业和科研院所投入到种子包衣机械的研制与技术改进研究中，并针对不同应用领域制造出了一批适应中国农业发展的种子丸粒化包衣机械，丸粒化包衣机的自动控制系统逐步趋于完善。

1.4 基于离散元方法的丸粒化包衣技术研究

长期以来，由于种子丸粒化包衣机中混合装置通常结构特殊，不易观测，无法利用现有设备实时监测丸粒化过程中颗粒的运动状态及丸粒化过程，限制了研究工作者对于种子丸粒化包衣机理的研究。随着离散单元法理论的完善，离散单元法被国内外研究学者广泛用来求解各领域的散粒体运动相关问题。尤其是在农业物料动力学、力学研究方面得到了广泛应用。针对种子丸粒化参数优化及模拟的相关研究中，多数研究人员通过采用计算机数值模拟试验来研究探索种子丸粒化过程的混合规律及效果，为相关设备的优化设计以及进一步揭示设备工作机理提供了有力的参考。

如国外学者 Pasha（2017）采用离散元法模拟玉米种子在立式包衣锅中的包衣过程，利用高速摄像技术测量了液滴离开喷雾盘的大小和速度，并将其应用于离散元方法 DEM 模拟中。对立式包衣锅的关键参数如转速、喷雾器圆盘相对于锅壁的位置、挡板的布置等进行了仿真模拟。结果表明，雾化盘的垂直位置、挡板角度和与壁面的间隙对雾化效果的影响最大，而转速、挡板宽度和曲率对雾化效果的影响最小。Behjani（2017）采用离散单元法对连续造粒机湿制粒过程进行了数值模拟，考察了滚筒转速、颗粒表面能和粒径比对种子颗粒粒径分布的影响。研究发现，在转速为 50r/min 的勺式造粒机中，种子造粒的最佳表面能为 $3J/m^2$，增加种子细粒度比，可以提高种子表面覆盖率约 60%，同时颗粒更均匀，增强了种子的丸粒化。Mehrdad 等（2017）对于玉米种子包衣过程采用离散元法进行仿真，不仅对玉米种子包衣层包覆均匀性建立了预测模型，还对影响包衣性能的包衣机工作参数进行了模拟研究，从而确定了各因素对种子包衣性能的影响规律。SIKHAO 等（2015）对绿花菜、番茄等种子团聚成丸模型进行了研究，揭示了蔬菜种子丸粒化机理，用于指导蔬菜种子丸粒化加工工艺。

在国内，种子丸粒化参数优化研究已取得了一定的成果。1986 年，王泳嘉等最早在国内利用离散元进行颗粒块体的运动研究。尤瑛（2019）运用离散单元法建立分析模型，对片剂包衣过程中的喷雾过程进行研究。张帅扬等（2022）分析油菜种子丸粒化过程，采用甩盘式种子丸粒化装置，开展力学建模、运动仿真及丸粒化试验，得出油菜种子丸粒化的最佳参数组合。内蒙古农业大学的研究者主要针对牧草种子丸粒化进行试验研究，其中邵志威（2018）、陈利杰（2018）、弥龙凯等（2018）针对牧草种子丸粒化包衣存在的丸粒化包衣品质差等问题，研制了一种振动力场作用下小粒不规则的牧草种子丸粒化包衣机，通过振动与旋转的复合运动进行丸粒化包衣，模拟了牧草种子丸粒化运动过程，通过试验及分析，确定最优组合参数。仇义（2018）主要基于动力学特性研究，分别建立种粉接触力学模型、种粉振动力学模型、种粉黏结力学模型。戴念祖（2022）则主要从循环流动混合、分散流动混合以及剪切流动混合三种混合形式出发，得出种粉混合是三种混合形式共同作用下的结果，采用离散元法对包衣锅内冰草种子和粉料在振动状态下的混合均匀度进行了数值模拟研究，同时建立颗粒运动模型。

综合国内外研究者的研究成果可知，离散单元法通过模拟农业物料颗粒在相应作业设备内的位移场、速度场及应力场等信息，能够揭示颗粒宏观流型与微观流动特性之间的联系，以及颗粒运动状态的变化规律，结合不同设备的结构参数与颗粒物料流动特性之间的影响规律，为相关设备的优化设计以及进一步揭示设备工作机理具有十分重要的实际意义与科研价值。

近年来，作者研究团队致力于小粒牧草种子丸粒化包衣技术研究，提出在旋转式丸粒化包衣机基础上增加振动力场，从而提升小粒种子丸粒化包衣质量，对自行设计的牧草种子振动丸粒化包衣机进行了大量的试验研究，探索了振动与旋转共同作用下小粒牧草种子丸粒化包衣机理，结合理论分析与离散元仿真分析实现了丸粒化包衣机工作、工艺参数选择与优化，研究结果为开发牧草种子丸粒化包衣设备及类似工作效率高、包衣效果好、丸粒化种子质量高的新型丸粒化包衣设备提供理论基础与技术依据。

第 2 章
小粒牧草种子丸粒化包衣基础配方筛选

　　小粒牧草种子因其体积小、质量轻、不规则性强等天然属性，在进行丸粒化包衣处理时，对丸粒化材料配方的选择提出了更高要求。科学合理的包衣配方不仅关系到丸粒化种子的成型质量与稳定性，更直接影响丸粒化种子的出苗率及田间适应性。从小粒牧草种子的基本特性入手，系统地分析其对丸粒化材料的物理与化学需求，开展适配性筛选与性能评价研究，为后续设备匹配与工艺优化奠定坚实的材料基础。

2.1　典型小粒牧草种子特性

　　冰草（*Agropyron cristatum*）是禾本科冰草属多年生草本植物，如图 2-1 所示。冰草成熟后，高度可达 70cm 左右，其叶片的典型特点是粗糙内卷、长且质硬。冰草是马、羊、牛、骆驼喜食的优良牧草，具有营养价值高、适口性佳、

（a）　　　　　　　　　　　（b）

图 2-1　冰草

返青期早等优点，是中等催肥饲料。由于冰草具有抗旱、耐寒、防风固沙性强和耐牧等优点，成为北方干旱、半干旱地区人工草地建植及生态恢复的重要牧草品种之一。我国内蒙古、甘肃、青海、新疆及东北、华北地区广泛分布着冰草，其主要适宜在干燥草地、山坡、丘陵及沙地生长。

红三叶（*Trifolium pratense*）为豆科多年生草本植物，又名红花苜蓿和三叶草等，如图 2-2 所示。原产于欧洲和西亚，目前中国南北各地均有栽培。红三叶是营养价值很高的豆科牧草，主要含有黄酮类物质、蛋白质、氨基酸、糖类和维生素等成分。其茎叶柔嫩、适口性佳，是各类家畜喜食牧草。

（a）　　　　　　　　　　　　（b）

图 2-2　红三叶

上述两种牧草种子具有典型外形特征，冰草种子外形为长舟形，红三叶种子外形呈类球形。利用所设计的振动丸粒化包衣机，对草原建植过程中这两种常用的牧草种子进行研究，可以了解丸粒化包衣设备对于不同形状小粒牧草种子丸粒化包衣的适应性，其研究成果可以在同类牧草种子中进行推广应用。

2.2　牧草种子丸粒化包衣技术概述

内蒙古大部分沙化草原都处于干旱、低温等特殊环境，直接导致了其生态系统的脆弱性。草原退化直接导致土壤中的有机碳、氮、磷等营养成分的下降，同时由于牧草种子粒径较小，自身无法携带足够的养分，发芽后没有足够养分补充将导致种苗枯萎，不利于补播草种的发芽与生长。退化草地补播所用草种千粒重小，补播过程中易造成随风飘散，无法到达指定位置，种子质量轻，种子落地时不容易入土，无法在土壤中发芽生长。这些现实问题极大地增加了退化草地修复工作的难度。因此，如何使补播的牧草种子充分利用退化草地中有限的水分，在补播过程中成功地侵入土壤中，使种子具备固沙发芽生长的环境，是众多研究者长期以来重点考虑的问题。

随着牧草种子前处理技术的发展，多数种子开始从过去的裸种播种改为种子丸粒化包衣处理后播种，如比较成熟的烟草种子包衣、农作物种子包衣、蔬菜种子包衣等。目前，针对牧草种子丸粒化包衣技术的研究远不如农作物，种子丸粒化包衣设备未见针对各类牧草种子进行广泛研究，如对于粒径较小、质量轻、种子表面带毛和芒、种子呈不规则形状等特点进行针对性研究。本文主要针对草原恢复过程中常用的具有粒径小、质量轻、表面带毛和芒等特点的牧草种子开展丸粒化包衣技术研究，首先筛选适用于本项目研究所用牧草种子的丸粒化配方，设计并研制适用于小粒种子丸粒化包衣的设备，对影响种子丸粒化包衣质量的各项因素进行试验研究，为种子丸粒化技术的进一步应用提供理论与技术支持。

种子丸粒化技术对于退化草地植被恢复与生态建设具有重要意义，尤其是在内蒙古北方干旱寒冷地区的草地生态环境设施建设中，既改善基本建植条件，又节约种子、提高牧草产量的关键技术保障。

2.2.1 种子丸粒化包衣优点

种子丸粒化技术是一项适应小粒种子精细播种需要的种子处理技术，利用专用的丸粒化设备，将小粒种子与添加材料混合、黏结，丸粒化成表面光滑、形状大小一致的丸粒化种子。种子丸粒化后具有下述优点。

（1）提供幼苗生长必需营养。氮、磷、钾等大量元素是牧草种子幼苗生长的关键成分，但这些元素无法通过常规施肥方法实现有效利用，通过种子包衣可以将种子生长关键元素及微量元素等肥料包裹在种子周围，从而使肥效达到最大，增加牧草种子生长所需营养和提高牧草生长量。

（2）控制苗期病虫鸟害。牧草种子飞播后裸露在草地上，容易被老鼠或鸟类吞食，通过在牧草种子包衣剂中添加驱鼠剂、警戒色，减少此类情况的发生；猝倒病是种子在寒冷、潮湿的土壤中发芽变缓慢时常出现的症状，牧草种子包衣剂中添加杀菌剂可以有效防止苗期病害。

（3）提高种子抗逆境能力。在种子丸粒化处理时添加能够提高种子的抗旱、耐寒、抗涝等性能的功能物质，可以避免飞播于草地上的裸种在遇到少量水分后萌发，之后由于干旱而导致幼苗死亡。经丸粒化包衣后的牧草种子，只有在土壤中的水分达到一定量时，水分才透过丸粒化包衣层进入内部使丸粒化种子发生萌发，这将极大地减少种子"闪芽"现象的出现。

（4）提高牧草种子播种性能。牧草草种一般千粒重很小，难以实现均匀播种。牧草种子丸粒化后体积增大，重量增加，能够使不宜机械播种的种子实现精密播种。同时，增重后的种子可以防止飞播作业时种子随风飘移，使种子准确地散落到预定的方位，有利于飞播时牧草丸粒种子与土壤融合，从而减少播种用量。

2.2.2　种子丸粒化包衣类型

种子丸粒化包衣是按照需求在种子表面黏结一层含有所需成分的粉料。按照种衣剂与粉料黏结的量，即增重比不同将丸粒化包衣技术分为以下几种。

（1）重型丸粒包衣。为了增加种子的重量，提高种子的成活率，利于机械播种，通常将小粒种子大粒化，主要利用填充材料如凝胶、膨润土、滑石粉等对小粒种子进行丸粒化包衣，白菜、萝卜、牧草等小粒种子适合采用重型丸粒包衣。丸粒化包衣种子的重量增加 2~50 倍。

（2）轻型丸粒包衣。轻型包衣是改进的一种包衣形式，其特点是包衣后种子重量增加 10%~30%，在种子包衣剂中通过添加吸水树脂、植物激素、pH值调节剂、农药（杀虫剂、杀菌剂）、活性菌等材料，使种子具有抗旱、抗寒、土壤 pH 值调节、防止植物病虫害等性能，同时减少农药等有害物质对土壤的污染，保护环境。

（3）营养型丸粒包衣。营养型包衣是为了适应土壤条件而开发出的一种包衣形式，主要目的是促进草种在贫瘠土壤条件下快速生长，种衣剂中主要包括肥料型、生长调节剂型、延缓发芽型、根瘤菌型、磁粉型等。采用营养元素、生长调节剂、根瘤菌等材料制成种衣剂，激活种子生理机能而促进种子发芽，确保幼苗的早期生长和发育，为作物增产奠定坚实的基础。种子重量增加约为 70%，主要适用于饲用牧草。

（4）结壳包衣。结壳包衣丸粒化包衣过程中种子重量增加 0.5~2 倍，该方法通常将粗糙的种子加工成表面光滑、形状一致的种子，使种子更适合于精量播种，从而减少用种量。

2.3 种子丸粒化包衣质量影响因素

图 2-3 为典型的种子丸粒化包衣工艺流程。从丸粒化包衣作业过程可以看出，种子、粉料和黏结剂经过供给装置定量、分批供入丸粒化装置中，丸粒化包衣过程主要由丸粒化装置完成，种子在丸粒化装置内经过挤压、旋转、滚动、摩擦等作用形成体积与重量增大的丸粒化种子。对丸粒化包衣过程进行分析，可以得到影响种子丸粒化包衣质量的主要因素。

（1）丸粒化包衣装置本身结构参数与工作参数。丸粒化包衣主要在丸粒化包衣装置内完成，丸粒化包衣装置的结构与工作参数对于种子与粉料的均匀混合、丸粒化质量均有重要影响，如包衣锅结构形式、包衣锅倾角、包衣锅转速等。这些参数将影响种子与粉料的自转、公转、滚动及相互之间的扩散运动，从而对丸粒化包衣质量产生影响。

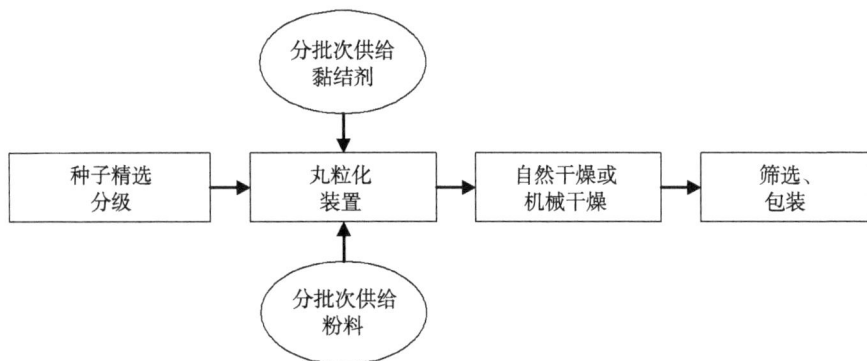

图 2-3　种子丸粒化包衣工艺

（2）丸粒化包衣工艺参数。除了丸粒化包衣装置本身工作性能对丸粒化质量有影响之外，丸粒化包衣工作过程还要涉及黏结剂、粉料和种子的定量供给。供给量对于种子能否被粉料完全包覆，即丸粒化合格率有直接影响，如果供入液体太多，将导致种子间产生过度黏结，粉料无法进入每一粒种子间，从而无法实现理想的丸粒化合格率与单籽率，使包衣质量下降。如果供入粉料太多，由于黏结剂数量不足将导致多余的粉料无法与种子黏结，下次喷入的黏结剂将使粉料自身出现黏结而丸粒化，最终导致出现空籽率上升，丸粒化质量下降。如果每次供粉、供液的间隔时间不合适，即滚实时间不合适，将同样导致丸粒化合格率下降、抗压强度下降等问题出现。因此，从丸粒化工艺角度考虑，单次供粉量、供液量、两次供给间隔时间（滚实时间）对丸粒化包衣质量性能具有显著影响，需要单独开展试验，研究上述工艺参数对丸粒化包衣质量的影响规律，从而确定丸粒化包衣种子所需最佳丸粒化包衣工艺参数。同时，对供粉、供液、供种装置的自动化控制系统进行研究，也是提高丸粒化包衣质量的关键。

（3）种子丸粒化材料对于种子的丸粒化性能、种子表面抗压性能、种子发芽率等具有重要影响。如种子丸粒化材料中黏结剂的选择，合适的黏结剂能使粉料牢固地黏结在种子周围，同时能够使种子周围具有合适的透气性、透水性，从而适合种子萌发与生长。如果粉料黏结力不足，无法可靠地黏附于种子表面，不仅在丸粒化过程中难以成丸，而且会在种子搬移、播种过程中容易造成丸粒化壳的脱落，使种子丸粒化质量显著降低；如果粉料黏结力太强，丸粒化合格率降低，且丸粒化壳强度太高，将直接影响种子未来出苗率。因此，开展丸粒化配方的研究是种子丸粒化技术的基础。

针对上述影响种子丸粒化质量性能的关键技术，开展如下研究。

（1）种子丸粒化包衣配方筛选。为了后续丸粒化包衣装置的研究基础统一，首先开展种子丸粒化配方筛选试验。

（2）丸粒化包衣装置关键结构设计。对影响丸粒化质量的种、粉、液供给装置及振动丸粒化装置进行优化设计，并利用 Labveiw 软件对上述装置进行自动化控制，从而实现种、粉、液的精确供给。

（3）丸粒化设备工作参数优化。种子丸粒化过程伴随着种子的复杂运动，丸粒化设备的工作参数对于种子运动规律、相互间的作用力等起着决定性的作用。因此，开展丸粒化装置工作参数研究对于掌握丸粒化包衣装置工作机理、种子丸粒化机理具有重要意义。

（4）种子丸粒化包衣工艺参数优化。种子丸粒化过程中的种、粉、液供给量，直接影响种子的丸粒化合格率、单籽率等质量性能参数，同时决定着种、粉、液自动控制系统的参数选取。选取最佳的工作参数与工艺参数，对于种子丸粒化包衣质量、种子后续生长性能均具有现实意义。

研究过程中参考烟草行业标准《烟草包衣化种子》（YC/T 141—1998）、农业行业标准《种子包衣机试验鉴定方法》（NY/T 375—1999）等种子相关丸粒化标准，选择种子单籽丸粒化合格率、单籽抗压强度、发芽率等参数作为种子丸粒化质量评价指标。种子丸粒化质量影响因素与相应评价指标如图 2-4 所示。

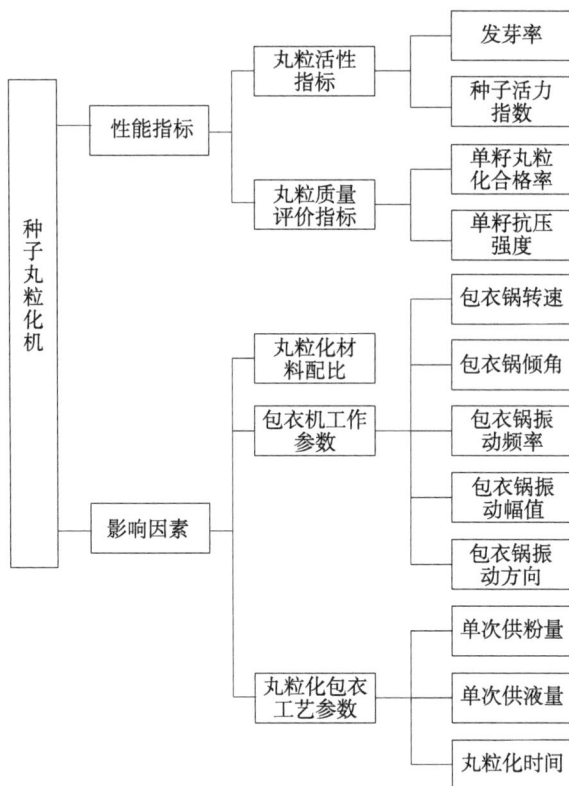

图 2-4　种子丸粒化质量影响因素与评价指标

2.4　种子丸粒化配方筛选

目前，多数种衣剂生产厂家针对水稻种子、小麦种子、烟草种子、花生种子、棉花种子等农作物及番茄、西兰花等蔬菜作物种子开展包衣剂相关研究。但对于牧草种子包衣剂及丸粒化包衣技术的研究相对于农作物种子丸粒化研究较弱。种子丸粒化包衣技术是将营养剂与促进种子生长的生长剂按合适比例混合在一起形成丸粒化包衣材料，包裹在种子周围，可为种子的生长提供有利环境。因此，本研究首先对种子丸粒化包衣材料开展研究，筛选针对带芒、毛的种子及小粒径种子造粒的关键技术及丸粒化包衣配方，针对研究对象筛选出成丸性好、出苗率高的丸粒化配方。

2.4.1　种子与丸粒化包衣粉料的选择

由前述种子丸粒化优点可知，种子丸粒化的材料需保证丸粒化后的种子便于运输和贮藏，适于机械播种，且丸粒外壳应具备透气、透水特性，能在种子周围形成一个适合种子萌发与生长的微环境。下述材料常用于种子丸粒化包衣。

（1）黏合剂与崩解剂。作用是能使种子与粉料黏结在一起且保证丸粒具有一定的紧实度，同时保证丸粒播种后遇到合适的水分能及时崩解。常见的有淀粉、大豆粉、阿拉伯胶、羧甲基纤维素、聚乙烯醇等。

（2）填充剂。主要利用填充材料如硅藻土、膨润土、滑石粉等对小粒种子进行丸粒化包衣，使小粒种子增大、增重，从而利于机械播种、牧草飞播等播种方式。

（3）调节剂。为了使种子周围形成适合种子生长的微环境，可以通过添加相应的添加剂实现。如可以采用营养元素、生长调节剂、根瘤菌等材料制成种衣剂，通过激活种子生理机能而促进种子发芽，确保幼苗的早期生长和发育。或在种子包衣剂中通过添加吸水树脂、植物激素、pH 值调节剂等材料，使种子具有抗旱、抗寒、调节土壤 pH 值、降低除草剂残效等功能；也可以在种子包衣剂中通过添加农药（杀虫剂、杀菌剂）、活性菌等物质，以达到有效防控植物病虫害的效果，同时减少农药等有害物质对土壤的污染，保护环境。

丸粒化配方的类型根据使用情况千差万别，为了确保后续包衣试验的一致性，本研究重点关注冰草与红三叶两种牧草种子的丸粒化技术流程，故针对冰草与红三叶重点考虑影响种子的成型、黏结与抗压及种子吸水裂解情况。参考项目组成员前期对种子丸粒化配方的预试验，确定种子丸粒化配方采用大豆粉（粒径为 200μm）作为固体黏结剂，硅藻土（细度为 100 目）作为填充剂，如图 2-5 所示。两者的混合物与水混合后包裹在种子表面成为丸粒化包衣外壳。根据牧草种子喷播要求，丸粒化包衣类型采用重型丸粒化包衣，种子与粉料重量比为 1:3。

种子丸粒化材料中使用的营养成分能够在退化草地修复中发挥作用，当丸粒化种子播种后，在沙化土壤有限的营养成分环境中，牧草种子可以在种子萌发的过程中将丸粒化材料中的营养成分缓慢释放出来，保证种子在干旱条件下具有足够的养分，从而提高种子的成活率。因此，选择发芽率、活力指数等指标作为丸粒化包衣种子生长性能指标。

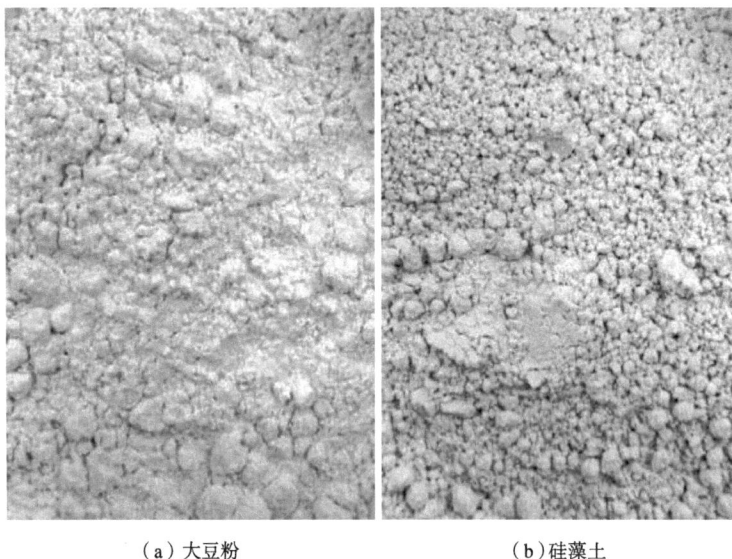

（a）大豆粉　　　　　　　　　　　（b）硅藻土

图 2-5　粉料

　　牧草种子丸粒化材料的不同配比对于种子丸粒化性能有显著影响，在丸粒化加工过程中要准确控制粉料、黏合剂的配比量，配比量会影响种子丸粒化包衣质量，如丸粒化合格率、单籽率等。当黏合剂量过多时，多粒种子会黏结在一起，造成单籽率下降及抗压强度过高，高抗压强度会使种子在发芽阶段的裂解率降低，影响种子正常的萌发。黏合剂不足时，粉料无法均匀地黏结在种子表面，导致丸粒化合格率降低，抗压强度过低，种子在运输、存储和播种过程中容易出现丸粒化壳脱落，丸粒化性能失效的情况。因此，在筛选种子丸粒化配方时进一步针对丸粒化种子的抗压强度、裂解度等指标进行研究，以期得到适合种子丸粒化包衣的材料配方。

2.4.2　不同丸粒化材料配比对种子萌发影响

　　为了探索不同大豆粉与硅藻土配比对冰草、红三叶种子生长特性、力学性能、裂解性能的影响，本章将在大豆粉与硅藻土不同配比下进行冰草种子、红三叶种子丸粒化包衣，对丸粒化种子开展发芽试验、水化性能试验、单籽抗压强度性能测试等，从而确定丸粒化包衣材料的最佳配比组合，揭示丸粒化包衣材料对种子丸粒化质量的影响规律。

试验选取天然冰草种子 150g，大豆粉、硅藻土的混合粉料共计 450g，其中硅藻土（DE）与大豆粉（SF）的配比情况见表 2-1。

表 2-1　包衣材料的不同配比组合

试验序号	大豆粉（SF）（%）	硅藻土（DE）（%）
1	10	90
2	20	80
3	30	70
4	40	60
5	50	50
6	60	40
7	70	30
8	80	20

按照上述配比进行丸粒化包衣预试验，结果发现，当大豆粉含量低于30%、高于 50% 时，冰草种子丸粒化包衣合格率较低，粉料不能很好地覆盖到种子表面，种子与粉料多数处于分离状态。分析其原因可知，大豆粉作为丸粒化包衣试验过程中的固体黏结剂，与硅藻土均匀混合后，遇到包衣锅内喷入的水雾后形成具有一定黏结性的湿颗粒，从而黏附在种子表面形成包衣层。如果大豆粉含量较少，产生的黏结剂无法使粉料与种子颗粒充分黏结。大豆粉过多，又将导致大量的粉料与包衣锅壁、粉料自身发生黏结，不利于种、粉间的黏结，从而使成丸效果较差。因此，后续两种牧草种子丸粒化包衣配方筛选以大豆粉含量分别为 30%、40% 和 50% 进行研究。

为了确定丸粒化包衣技术是否会对种子的萌发造成抑制作用，将发芽率作为检测丸粒化包衣技术对牧草种子性能影响的重要指标之一，开展不同丸粒化包衣材料配比下种子发芽率试验。将大豆粉（SF）与硅藻土（DE）配比分别为 SF∶DE=3∶7、SF∶DE=4∶6、SF∶DE=5∶5 的丸粒化包衣冰草、红三叶种子和未包衣的冰草、红三叶种子作为对照置于发芽床中进行发芽试验，记录发芽率，进行比较分析。种子的发芽方法参照《国际种子检验规程》《草种子检验规程》（GB/T 2930.4—2001）。发芽试验流程如下。

（1）发芽试验以100粒种子为一个重复，共设置4个重复，进行预处理等工作后置于其规定的发芽条件下进行发芽。从丸粒化好的种子中取试样4份各100粒。

（2）取硬实滤纸2张，30cm×30cm。取其中1张纸进行画线，画5条间隔2cm的横向平行线，在竖直方向划5条间隔为4cm的平行线。在纸的横竖线上的每一个交点上播一粒种子，然后在其上盖1张湿纸，将滤纸折叠后移至恒温培养箱中进行发芽试验。为了精确地模拟冰草种子的生长情况，设定发芽箱在光照时长为16h时，维持一个恒定的温度25℃，无光照时长为8h时，维持发芽箱恒定温度15℃。

（3）发芽试验过程中，按照规程所规定的计数时间每24h记录一次发芽数并统计发芽率，以幼苗根长大于2mm记录为种子发芽，每次统计完后，补充1mL自来水保持种子发芽湿度。连续3d发芽种子数不变作为发芽完全，绘制累积发芽率曲线如图2-6所示。

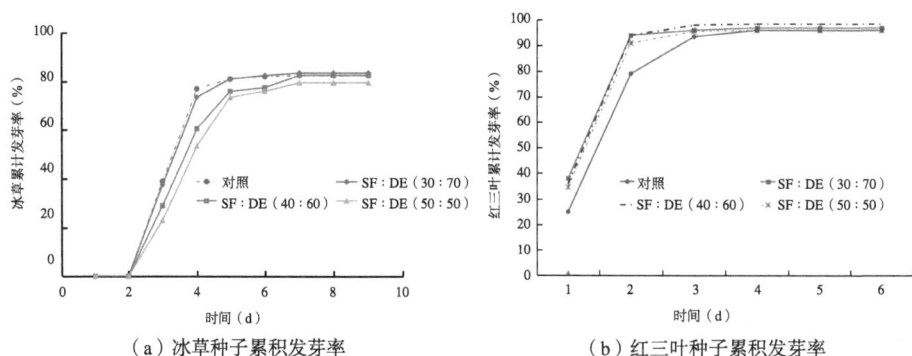

（a）冰草种子累积发芽率　　　　　　（b）红三叶种子累积发芽率

图2-6　累积发芽率

从图2-6可知，冰草种子与红三叶种子表现出不同的发芽特性。图2-6（a）显示，冰草种子均在2d后开始发芽，在2~6d内，对照组种子（未进行丸粒化包衣处理）的发芽率高于经过丸粒化包衣处理的种子。从第6d开始，大豆粉配比为30%的丸粒化种子发芽率略高于对照组的冰草种子，从第7d开始，每组种子的发芽率均保持在稳定水平而不再变化，种子发芽率达到最大。图2-6（b）显示，红三叶种子在第1d开始发芽，发芽前3d，对照种子的发芽率明显低于丸粒化包衣种子。从第4d开始，种子发芽率开始稳定在一定水平不再变化，种子发芽率达到最大。其中，大豆粉配比为 40% 的丸粒化种子发芽率略高于其他红三叶种子。不论是冰草种子还是红三叶种子，大豆粉配比为 50% 的丸粒化种子发芽率相对其他均有所降低，其原因主要是作为黏合剂的大豆粉，含量增加会增强种子丸粒化强度，使包衣壳空隙较小，影响水分的渗透性，从而导致种子发芽率降低。因此，从保证发芽率角度考虑，大豆粉含量不宜过高。

2.4.3　不同丸粒化材料配比对幼苗生长影响

种子活力指数作为评判种子长势好坏的重要指标之一，它将种子的发芽能力和幼苗的长势综合起来考量，其值越大，代表着种子的活力越强，10d 后开始测量 4 组试验种子的根、茎长度、幼苗长度。

种子活力指数（SVI）的计算公式如下：

$$SVI = S \times \sum \left(\frac{G_t}{D_t} \right) \tag{2-1}$$

式中：S 为幼苗长度（m）；G_t 为在时间 t 内发芽种子个数（个）；D_t 为发芽天数（d）。

首先对幼苗进行根、茎长度的测量，测量后的根长、茎长数值统计结果及种子活力指数计算结果见表 2-2。

表 2-2　不同材料配比对幼苗生长的影响

测试种子	冰草			红三叶		
	根长（mm）	茎长（mm）	种子活力指数	根长（mm）	茎长（mm）	种子活力指数
对照	6.91 ± 0.7b	6.6 ± 0.6c	11.7 ± 0.67e	2.57 ± 0.27c	3.52 ± 0.38c	6.0 ± 0.30c
SF：DE（30：70）	8.73 ± 0.3a	8.2 ± 0.3a	15.4 ± 0.5a	3.10 ± 0.19a	4.37 ± 0.29a	6.8 ± 0.29a
SF：DE（40：60）	8.21 ± 0.1b	8.1 ± 0.2a	13.9 ± 0.3b	3.05 ± 0.17a	4.22 ± 0.25a	6.4 ± 0.15ab
SF：DE（50：50）	7.60 ± 0.3c	7.5 ± 0.1b	12.5 ± 0.6c	2.90 ± 0.23b	3.86 ± 0.30b	6.4 ± 0.34ab

从表 2-2 可以看出，丸粒化包衣种子与未做任何处理的种子对照组相比，大豆粉含量为 30%、40% 和 50% 时均具有良好的幼苗长势，丸粒化包衣后的两种种子活力指数均高于未包衣种子。丸粒化包衣种子的根长与茎长均比对照种子有所提高，大豆粉含量在 30%[SF：DE（30：70）] 时，冰草种子的根

长、茎长较对照组分别增加 26.3% 和 24.2%，红三叶种子根长与茎长较对照组分别增加 20.6% 和 24.1%，经过丸粒化包衣处理后的牧草种子的根长、茎长、种子活力指数与未包衣种子具有显著性差异。随着丸粒化材料中大豆粉含量的增加，丸粒化包衣处理后的牧草种子的根长、茎长、种子活力指数均呈现下降趋势。同时，通过表中根茎长度的标准偏差范围值可以发现，丸粒化包衣处理后种子的根茎长度标准偏差值均小于对照组，且较小的标准差值说明经过丸粒化包衣处理后的种子生长呈现出更加均匀的趋势。

综合丸粒化包衣种子根茎的长势及活力指数可以发现，当大豆粉与硅藻土配比为 30∶70 时，幼苗的长势在试验测试组中最好，表现出很好的生物学特性。证明了丸粒化包衣技术可以使丸粒化材料在种子周围形成有利于种子生长的微环境，可以持续不断地为种子提供生长所必需的营养物质，从而提高牧草种子的生物学性能，提高幼苗长势，提高出苗率及成活率。因此，利用种子丸粒化包衣设备与技术解决干旱、半干旱地区的草地退化等问题具有良好效果。

2.5　不同丸粒化材料配比对种子力学性能影响

2.5.1　丸粒化包衣种子裂解试验

裂解能力是评价丸粒化种子的力学性能的关键指标之一，不仅可以评价丸粒化包衣层的溶解能力，也可以反映丸粒化包衣层的材料对于种子发芽的影响情况。浸泡在水中的丸粒化种子溶解的速度越慢，表明水分透过丸粒化层进入种子周围越困难，实际种植过程中可能阻碍种子的发芽。因此，为了探究种子丸粒化包衣处理后种子的生长性能，对丸粒化包衣的冰草和红三叶两种牧草种子在不同粉料配比下进行裂解试验。分别从前述 3 组丸粒化包衣处理的种子中分别随机取出 100 粒种子，并将取出的种子浸泡在盛有 10mL 水的容器中，每组试验重复 3 次，当 90% 种子丸粒化包衣壳从种子表面脱落时，记录下此时的时间作为种子在水中的裂解时间。利用 Minitab 数学分析软件对得到水化试验结果进行分析，结果如图 2-7 所示。

由图 2-7 可知，经过丸粒化包衣处理的冰草种子最长的溶解的时长为 70min，红三叶种子最长溶解时间为 100min。随着大豆粉含量的减小，丸粒化壳溶解到水中所用的时间相应减小。这与大豆粉和硅藻土两者本身的特性有关，硅藻土作为填充剂，含量越多，丸粒化壳所包含的孔隙越多，水分容易进入丸

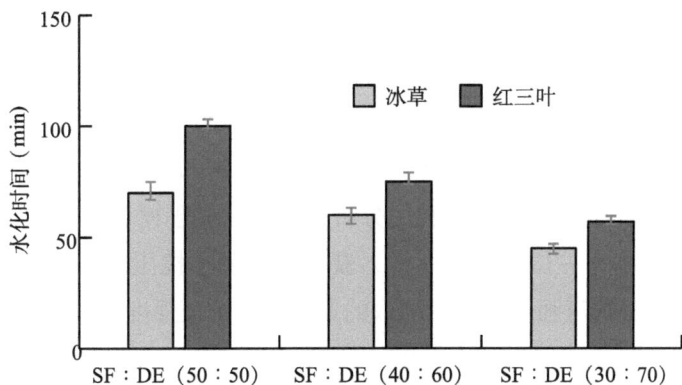

图 2-7　丸粒化种子溶解时间

粒化壳内部，种子丸粒化壳容易出现裂解。大豆粉作为黏合剂，含量越多丸粒化层的黏结越牢固，丸粒化层的孔隙度越小，水分的通过性减弱，丸粒化壳不容易出现裂解。因此，当大豆粉含量增加，硅藻土含量减少时，丸粒化种子的水化时间增加，反之亦然。在所测试试验组中，大豆粉含量在 30% 时，红三叶与冰草种子在水中的溶解时间最短，种子丸粒化壳的透水性较好，表现出良好的水化性能，丸粒化种子具有良好的透水性能有利于肥料在植株体内的传输，有利于种子颗粒的萌发与生长。对于降水量较少的内蒙古北方干旱地区，丸粒化种子具有较短的溶解时间，将确保飞播或喷播的种子在低含水量土壤中能够顺利发芽生长。

2.5.2　单籽抗压强度试验

为了更直观地描述丸粒化包衣种子的力学性能，本研究对单籽抗压强度进行测试分析，抗压强度不仅能够反映种子表面的物理属性，描述种子在运输过程中或飞播落地过程中是否能够保持外观完整的能力，而且也能够反映出种子丸粒化壳的强度对于水分运输的阻碍能力，从而影响种子的发芽。

抗压强度选用专业食品物性分析仪（型号：TMS-PRO）进行试验测试，其

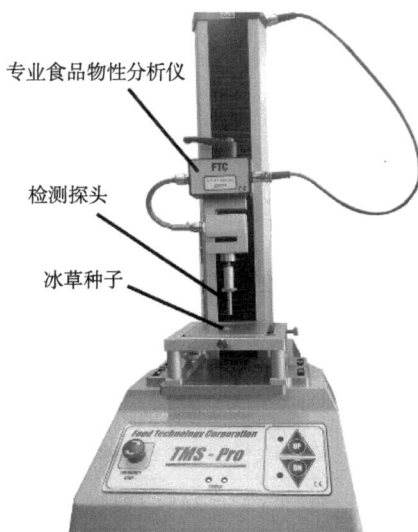

图 2-8　食品物性分析仪

结构如图 2-8 所示。该分析仪所使用的测力传感器精度范围为 0~2.5kN。测试试验开始前，将被测牧草种子水平放置在分析仪测定平面上，采用直径为 10mm 的圆柱形测头进行测试；试验开始时，设定测头下行速度为 30mm/min，加载检测速度为 15mm/min，测头回程速度为 30mm/min，沿种子厚度方向加载 8s 后停机。测试试验完成后，利用分析仪系统后处理模块，分析牧草种子在整个加载过程中力—位移数据曲线，获得牧草种子抗压强度值。图 2-9 为随机从红三叶种子抗压强度数值中选取的典型单籽抗压强度数据。

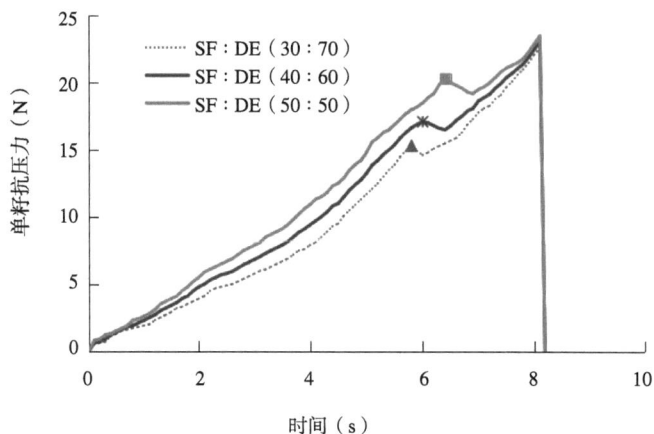

图 2-9　单籽抗压强度

随机选取大豆粉含量为 30%、40%、50% 的丸粒化冰草、红三叶种子进行单籽抗压强度试验，每种牧草种子测试 10 次，取试验结果平均值，试验数据结果见表 2-3。

表 2-3　不同材料配比对力学性能的影响

测试种子	冰草		红三叶	
	抗压强度	水化时间（min）	抗压强度	水化时间（min）
SF：DE（30：70）	50.3 ± 2.29	45 ± 2.11	16.2 ± 2.04	57 ± 2.63
SF：DE（40：60）	57.9 ± 1.43	60 ± 0.70	19.2 ± 1.99	75 ± 1.77
SF：DE（50：50）	60.9 ± 1.85	70 ± 1.21	20.6 ± 2.01	100 ± 2.16

观察表 2-3 和图 2-9 可以发现，随着大豆粉含量的增加，丸粒化包衣种子的抗压强度呈现增加的规律，当大豆粉含量从 30% 增加到 50% 时，丸粒化冰草种子和红三叶种子的抗压强度数值增幅分别为 21.1% 和 27.2%，随着大豆粉配比的增加，丸粒化包衣层抗压强度增加。这与大豆粉作为黏结剂的特性有关，含量越高，黏结效果越好，抗压强度越高。从图 2-9 中可以看出，每条抗压强度曲线中存在两个峰值，第一个压力峰值点是探针接触红三叶种子丸粒化层外表面并压碎丸粒化壳材料时的数值。图中第二个峰值趋于一致，该值为探头压碎丸粒化层后继续运动到与种子表面接触并压碎种子颗粒时所用的最大力。

通过综合分析丸粒化种子发芽率、活力指数、水化性能及抗压强度等试验结果可以发现，对于本研究丸粒化包衣配方而言，大豆粉与硅藻土配比为 30%∶70% 时，丸粒化种子具有足够抗压强度、适当水解性能及良好发芽率，冰草和红三叶两种牧草种子的综合性能表现最好，可以作为两种试验研究牧草种子的丸粒化包衣基础配方使用。

第3章
小粒牧草种子丸粒化包衣机

实现小粒牧草种子的高效丸粒化处理，需要专用机械设备的支撑。针对小粒种子粒径小、易黏附、成型要求高等特性，设计适配的丸粒化包衣机，不仅有助于提升包衣均匀性和成品率，更是推动牧草种子处理走向标准化、自动化、规模化的关键环节。围绕小粒牧草种子丸粒化包衣设备结构、加工工艺流程及关键功能单元进行系统分析，为后续设备优化与实际应用提供理论基础与技术依据。

3.1 种子丸粒化包衣加工工艺

种子丸粒化技术是在种子包衣技术基础之上发展起来的一种现代化农业高新技术。该技术是指将杀虫剂、杀菌剂、植物生长调节剂、保水剂、肥料等通过种子丸粒机，有序分层地包附在种子表面，制成大小一致、外表光滑、颗粒较大的丸粒化种子。种子丸粒化的基本要求是确保丸粒化种子外壳硬度适中且单籽率达标。太硬的外壳会阻碍种子的发芽，太软的种子在运输和播种过程中容易破碎。丸粒化种子最好的效果就是可以达到一粒一丸，这样可以实现省种子、省成本和便于后期管理的目的。为了实现上述目标，需要配备完善的丸粒化包衣工艺，种子丸粒化加工的主要流程如图3-1所示。其中，丸粒化过程是整个加工工艺的重要环节，该环节主要包括2个时期。

（1）丸粒化成核期。将需要丸粒化的种子放入丸粒化装置中，向丸粒化装置内喷入雾化的液体黏结剂，待种子表面润湿后，加入丸粒化粉料，粉料在丸粒化装置的作用下均匀地包裹在种子外面，形成以种子为核心的小球。

重复喷液与加粉过程，喷黏合剂和加粉料要做到少量多次，直至达到接近要求的种子粒径。

（2）滚圆期。继续向丸粒化装置内喷入黏合剂，同时投入更细的粉料，保持一定的丸粒化时间，以增加丸粒外壳的圆度、光滑度、硬度和紧实度，待大部分丸粒达到规定的粒径后停机。经丸粒化包衣处理后的种子在振动筛内进行过筛剔除结块、杂质等不合格包衣种子，烘干处理后计量包装并入库贮藏。

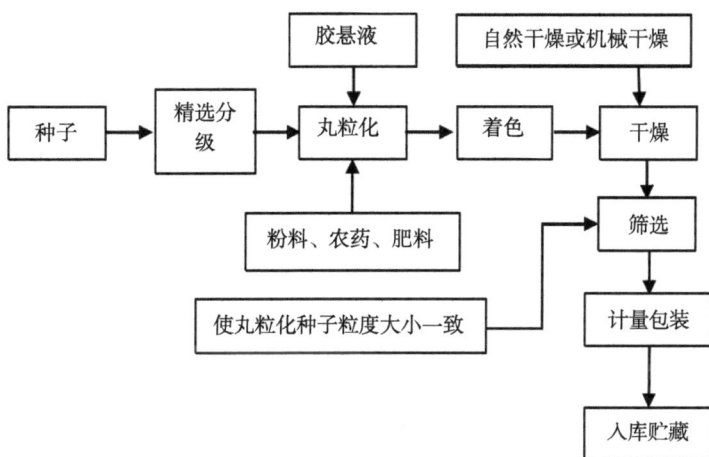

图 3-1　种子丸粒化加工工艺流程

根据丸粒化包衣作业过程可以看出，种子、粉料和黏结剂经过供给装置定量、分批供入丸粒化装置中，丸粒化包衣过程主要由丸粒化装置完成，种子在丸粒化装置内经过挤压、旋转、滚动、摩擦等作用，形成体积与重量增大的丸粒化种子。对丸粒化包衣过程进行分析，发现影响种子丸粒化包衣质量的主要因素有丸粒化包衣装置本身结构参数与工作参数、丸粒化包衣工艺参数、种子丸粒化材料等。

3.2　典型丸粒化包衣机结构与原理

国内外进行种子丸粒化包衣加工的常用方法主要包括气流成粒法和旋滚法。前者是种子在气流作用下处于悬浮状态，包衣材料和黏结剂颗粒在气流的携带作用下吸附、黏结在种子表面，不同种粒之间相互摩擦和撞击并持续堆积在种子表面，最终完成丸粒化包衣。后者是将种子投入转动的丸粒化装置内，将水均匀地喷洒在种子表层使其浸湿，接着均匀地加入填充材料，重复上述过程直至达到需要粒径。

纵观国内外种子丸粒化包衣机设备的工作原理可以发现，我国种子丸粒化包衣设备主要采用旋滚法的原理，常用的旋滚法丸粒化机主要有 3 种形式。

（1）倾斜锅式丸粒化机。倾斜锅式丸粒化包衣机（图 3-2）利用包衣锅的旋转运动实现种子丸粒化包衣，种子、粉料、黏结剂均供入包衣锅中，随着锅体的转动，粉料在黏结剂的作用下包覆在种子表面，重复此过程，直到种子表面包覆足够多粉料，达到丸粒化增重比时完成作业。该类设备具有结构简单、操控清洗容易、成本低等特点，是目前国内常用的种子丸粒化包衣设备。但此种设备丸粒化质量难以控制，对操作人员的技术水平要求较高，在种子丸粒化过程中容易出现丸粒化合格率低、小粒种子适应性较差、丸粒化后种子包裹层的抗压强度低等问题。

（2）水平滚筒式丸粒化机。水平滚筒式丸粒化机（图 3-3）能够连续完成种子丸粒化包衣作业，种子从滚筒的前端进入，经过旋转后由滚筒后端排出，主要靠滚筒转动促使种子间、种子与丸粒化粉料之间的相互摩擦进行包衣，此类设备便于与种子加工成套设备配套使用。但整套设备结构庞大，售价偏高，

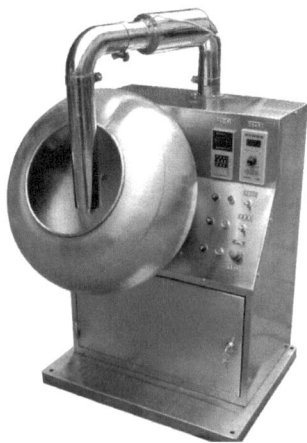

图 3-2　倾斜锅式丸粒化包衣机

图 3-3　水平滚筒式丸粒化机

不利于广泛推广使用。存在丸粒化后种子包裹层的抗压强度低、双籽粒和空籽粒高、丸粒化种子质量较差等缺点。

（3）垂直盘式丸粒化机。垂直盘式丸粒化机能够实现连续或批量作业，便于与成套设备配套使用。此种机型近几年在欧洲和北美洲发展十分迅速，产品已形成系列化，此类丸粒化机的生产率与上述两种类型的丸粒化机相比有较大提高。图3-4所示为PETKUS的多功能CM系列包衣机。转子在垂直、固定的混合筒（定子）内旋转，种子通过电气动批量秤进行分批喂料，转子的旋转使得种子进行径向和切向运动，在离心力的作用下，种子在定子壁上向上运动，通过导流板重新回到转子中间。种子的这种运动保证了连续的高强度混合。混合期间药液通过独立驱动的洒药盘喷洒到种子表面。不同药液/粉剂可通过同时、交叠和依次的方式进行给药。

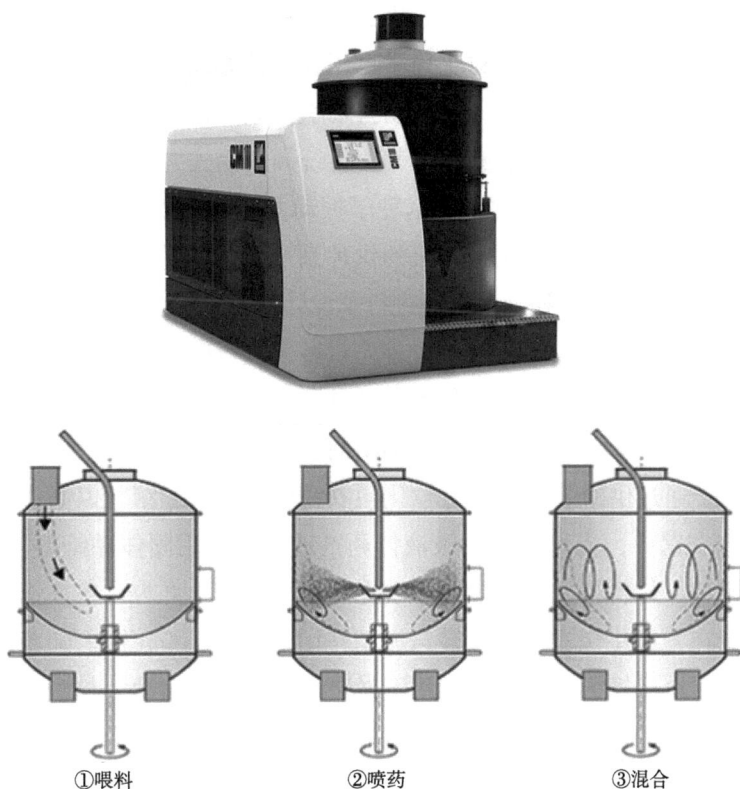

①喂料　②喷药　③混合

图3-4　垂直盘式丸粒化机

本研究重点针对作者研究团队改进并设计的小粒牧草种子丸粒化包衣机结构及原理进行详细介绍。研究团队针对倾斜锅式丸粒化机和垂直盘式丸粒化机进行了多年研究，提出了利用振动与旋转耦合作用提升种子丸粒化包衣质量的研究课题，试验研究表明振动力场能够显著提高种子丸粒化包衣合格率，为设计新型丸粒化包衣机提供了理论依据。

3.3 倾斜锅式振动丸粒化包衣机整机结构及工作原理

倾斜锅式丸粒化包衣机具有结构简单、操控清洗容易、成本低等特点，是目前国内常用的种子丸粒化包衣设备。但此种设备丸粒化质量难以控制，对操作人员的技术水平有较高要求，用于种子丸粒化时容易出现丸粒化合格率低、小粒种子适应性较差、丸粒化后种子包裹层的抗压强度低等问题。

为了改善倾斜锅式丸粒化包衣机工作过程中存在的丸粒化合格率低、小粒牧草种子适应性较差、丸粒化种子抗压强度低等问题。本研究团队在倾斜锅式丸粒化机的结构基础上，将振动力场引入倾斜锅式丸粒化包衣机，前期试验研究表明，振动力场能够有效改善传统倾斜锅式丸粒化包衣机丸粒化合格率低、抗压强度低等问题，牧草种子振动丸粒化包衣机整机结构如图 3-5 所示，主要针对振动丸粒化包衣机的供种系统、供粉系统、供液系统、振动丸粒化系统、整机自动控制系统等进行了设计。

在进行丸粒化包衣作业之前，首先对种子进行筛选，选出体积尺寸、质量基本一致的种子作为丸粒化包衣基础种源。将种子与丸粒化粉料分别置于种子储存桶 9 和粉料储存桶 10 中，黏结剂装入药液储存桶 14 中。启动控制系统后，种子通过供给装置供入丸粒化包衣锅中，随后黏结剂以雾状形态喷入丸粒化包衣锅中，当种子表面被液体药剂或水（使用固体黏结剂）润湿后，按照一定种、粉比将丸粒化包衣用填充剂等粉料供入丸粒化包衣锅中，随着牧草种子在丸粒化包衣锅的旋转与振动作用下，种、粉在锅内随着离心力做公转运动，在摩擦力、剪切力作用下做自转运动，在振动力与碰撞力作用下实现内外层间的扩散运动，丸粒化包衣粉料在运动过程中会均匀地黏附于种子表面，反复进行定量供液和供粉，直到种子增重比达到预设要求，种子的丸粒化作业结束。

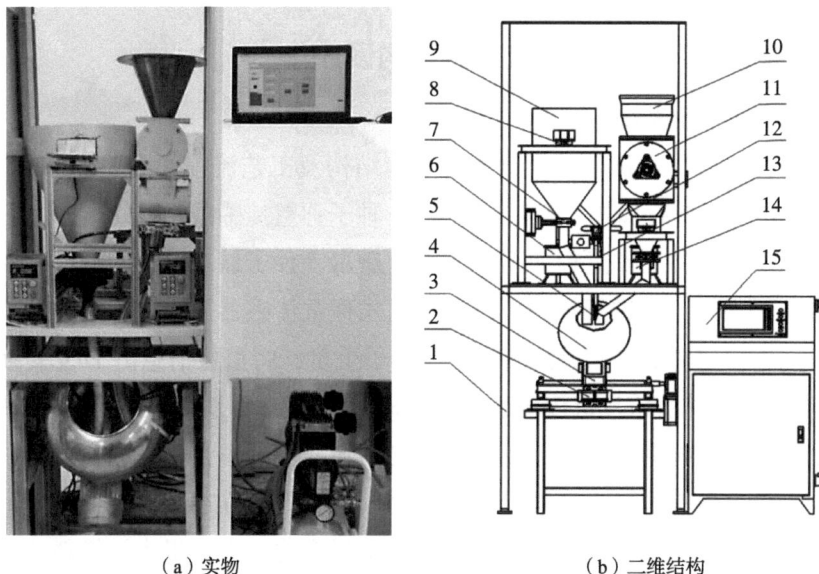

（a）实物　　　　　　　　　　　　　（b）二维结构

1. 机架；2. 激振器；3. 倾角调整设备；4. 包衣锅；5. 喷头；6. 清水储存桶；7. 电动阀；8. 称重传感器；
9. 种子储存桶；10. 粉料储存桶；11. 旋转卸料阀；12. 电磁三通阀；13. 蠕动泵；14. 药液储存桶；15. 电控系统。

图 3-5　牧草种子丸粒化振动包衣机整机结构

丸粒化后的种子需要进行自然烘干或者机械烘干，以便于保存，对干燥后的种子进行粒度筛选后即可完成包装。振动丸粒化包衣机主要技术参数见表 3-1。

表 3-1　牧草种子振动包衣机主要技术参数

技术参数	单位	值
基本尺寸（长 × 宽 × 高）	mm × mm × mm	1100 × 1060 × 2310
设备总质量	kg	300
储存桶容量（种子）	kg	10
储存桶容量（包衣粉料）	kg	30
储存桶容量（药液）	kg	3
振动频率	Hz	0~60
包衣锅转角调整范围	°	0~80
包衣锅转速调整范围	r/min	0~200

3.3.1 种、粉、液供给系统机械结构设计

3.3.1.1 种子供给系统

振动丸粒化包衣机种子供给系统整体结构及工艺流程如图3-6所示。该系统主要由种子储存桶4、落料电磁阀2、种子称重传感器6组成。

种子供给设备工作过程如图3-6（b）所示。种子储存桶4中的种子由落种电磁阀2的开、合进行控制。四个压电式称重传感器固定在种子料斗的托盘上，称重传感器6实时检测料斗中的种子重量，将重量信息由D/A转换后传输至单片机，并由单片机传输至上位机，实时在控制系统中显示重量。最初，在控制系统中选择落种重量，系统记录初始料斗中的重量，开始运行后，单片机控制继电器吸合，电磁阀打开，气动阀门在气力作用下打开，种子开始下落。下落过程中，称重传感器实时检测重量变化，上位机中计算料斗中的重量损失，当损失达到初始选择的落种值时，单片机控制继电器断开，电磁阀关闭，气动阀门关闭，完成整个落种过程，种子下落至包衣锅内，等待包衣。

种子储存桶内种子重量变化数据的实时采集与落种量的控制是整个种子供给系统的核心。本系统选用的称重传感器与落种电磁阀技术参数如表3-2所示。

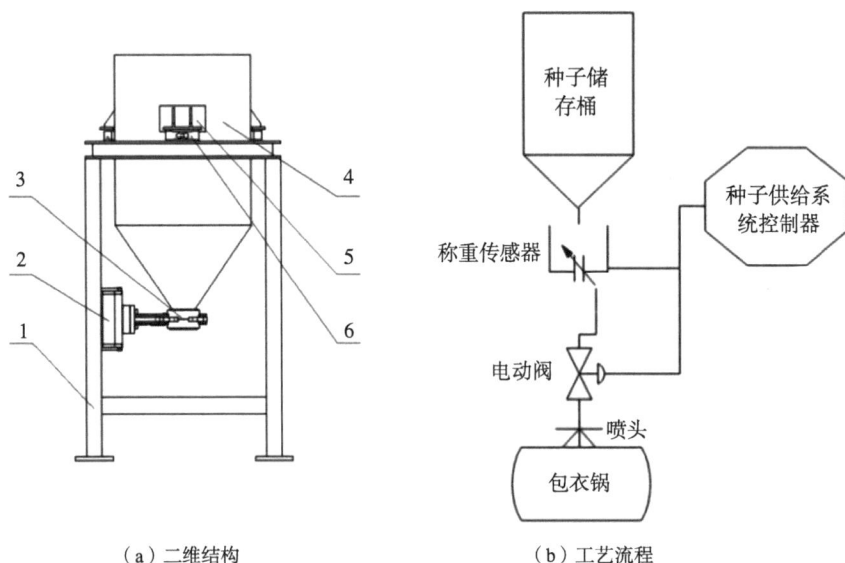

（a）二维结构　　　　　（b）工艺流程

1. 机架；2. 电磁阀；3. 落料口；4. 种子储存桶；5. 耳座；6. 称重传感器。

图3-6　种子供给设备整体结构与工艺流程

表 3-2　供种装置主要技术参数

称重传感器	单位	值	电磁阀	单位	值
量程	kg	0~5	安装尺寸（长 × 宽）	mm × mm	30 × 50
精度	g	1	工作行程	mm	60
综合误差	F.S（%）	< 0.05	工作电压	V	24

3.3.1.2　粉料供给系统

粉料供给系统整体结构如图 3-7 所示。该系统主要包括粉料储存桶 5、控制粉料下落的旋转卸料阀 6 和粉料称重传感器 2 等机件组成。丸粒化包衣机的粉料供给系统工艺流程如图 3-8 所示。

结合粉料供给系统的整体结构及供给工艺流程图可以看出，粉料储存桶 5 主要进行最初粉料的盛放，进行粉料供给操作时，控制系统控制旋转卸料阀 6 进行缓慢转动，粉料下落速度可以通过步进电机 3 的转速进行调节。为了实现粉料的多批次供给和精准落量，采用与种子供给系统类似的结构，通过上位机实时接收称重传感器的重量值从而实现粉料重量动态监测。初始在上位机选择参数，包括种粉比、供粉批次以及批次间隔时间。包衣过程中，上位机记录供粉桶中粉料总重量，当种子供给完成后，上位机根据落种量与种、粉比实时计算供粉总量，根据供粉批次与供粉总量，计算出单次供粉量。供

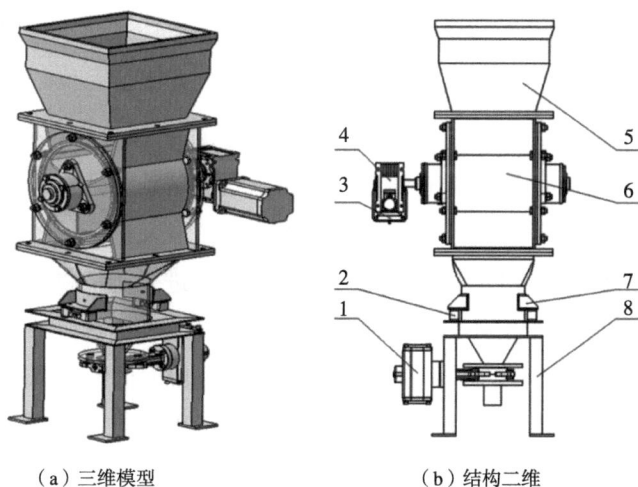

（a）三维模型　　　　　　　（b）结构二维

1. 电动阀；2. 称重传感器；3. 步进电机；4. 减速器；5. 粉料储存桶；6. 旋转卸料阀；7. 耳座；8. 机架。

图 3-7　粉料供给设备整体结构

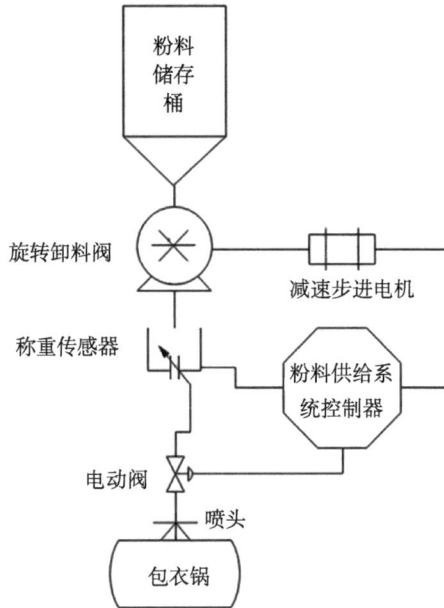

图 3-8 粉料供给设备工艺流程

粉时，上位机发送指令，阀门打开，上位机实时检测粉料桶中的重量差值，当达到单次供给量时，发送指令，阀门关闭，完成一次供给。同时，定时器开始运行，当达到批次间隔时间时，阀门打开，开始下一批次供粉，当循环次数达到供给批次时，完成整个供粉流程。粉料供给系统中选用的电磁阀和称重传感器型号与种子供给系统中的一致。

3.3.1.3 药液供给系统

药液供给系统整体结构如图 3-9 所示，工艺流程如图 3-10 所示。

药液即黏结剂存储在药液桶 2 中，起初，控制系统选择合适种液比、供液批次以及批次间隔时间。上位机中通过落种值以及选择的种液比计算所需药液量，通过计算得到蠕动泵的工作时间，需要进行药液供给时，控制系统控制蠕动泵通电开始工作，到达指定时间蠕动泵停止运行，完成一次供液。单次供液结束后，定时器开始运行，当达到批次间隔时间时，蠕动泵开始工作，进行下一次供给，当达到指定供液批次时，完成整个供液流程。药液通过管道最终从喷头喷出，药液喷头采用气固两相流雾化喷头，药液在高压气流作用下雾化成小液滴，进入包衣锅后与种子表面相接触，使种子表面均匀地浸湿，为种子与粉料的黏结提供条件。

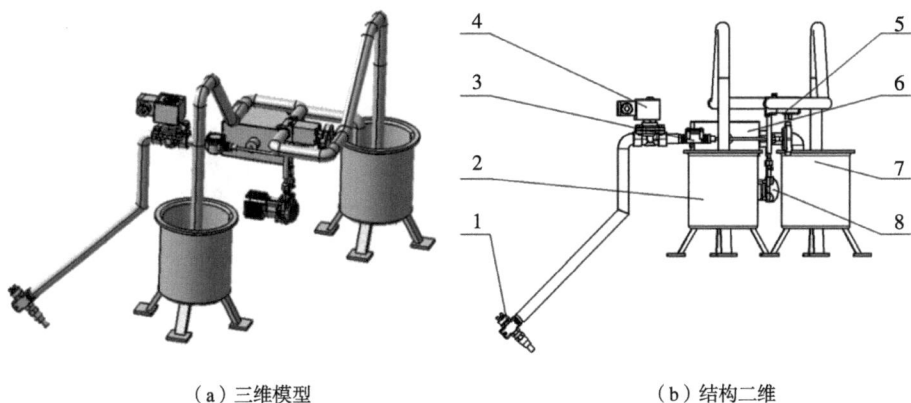

（a）三维模型　　　　　　　　　　　　（b）结构二维

1. 喷头；2. 药液储存桶；3. 霍尔流量计；4. 控制阀；5. 电磁三通阀；6. 溢流阀；7. 清水储存桶；8. 蠕动泵。

图 3-9　药液供给设备整体结构

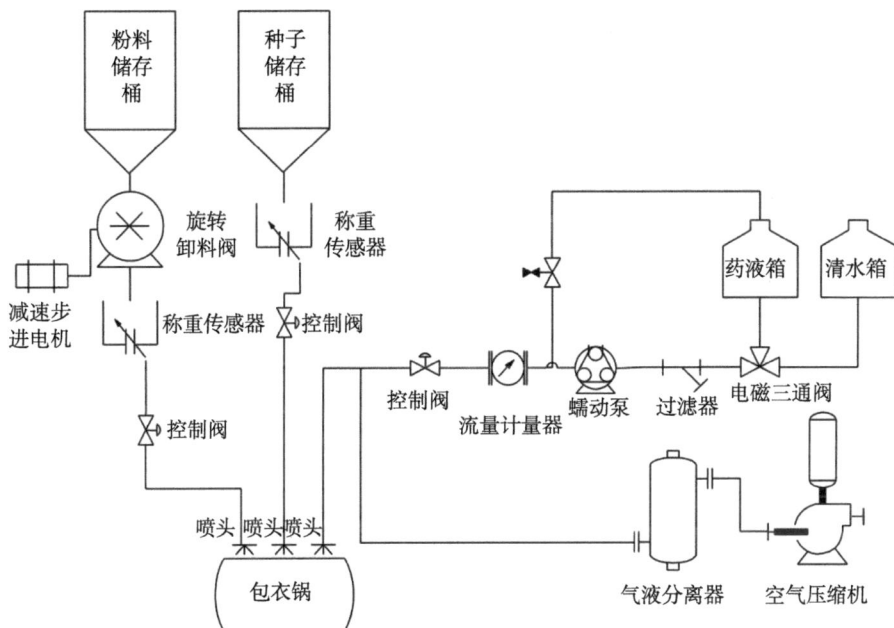

图 3-10　药液供给设备工艺流程

3.3.1.4　振动丸粒化系统设计

振动丸粒化包衣机的丸粒化系统结构如图 3-11 所示。该系统主要由惯性激振器、丸粒化包衣锅、旋转电机、倾角调节电机等组成。

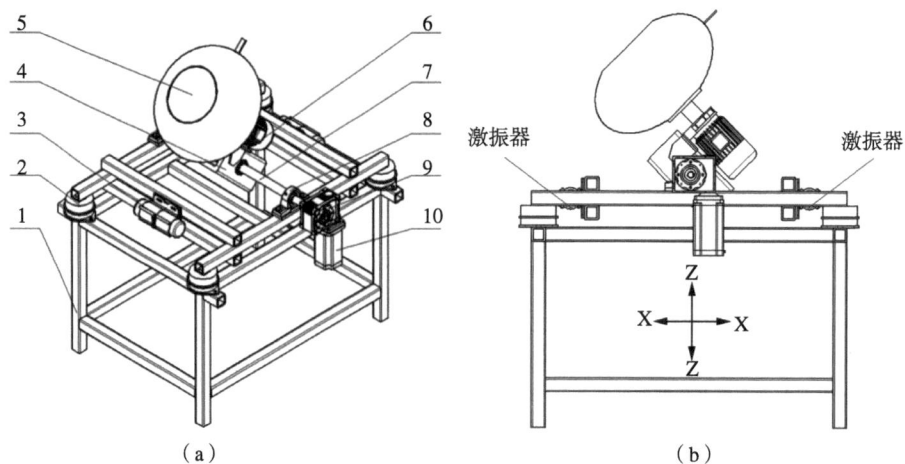

1. 机架；2. 隔振器；3. 激振器；4. 轴承座；5. 包衣锅；6. 驱动电机；7. 主轴；8. 轴承；9. 减速器；10. 步进电机。

图 3-11　丸粒化包衣系统整体机构

步进电机 10 根据系统要求完成包衣锅倾角的调节，驱动电机 6 实现包衣锅旋转速度的调节，激振器实现包衣锅振动频率、幅值及振动方向的调节，包衣锅在旋转振动复合作用下完成种子丸粒化包衣。激振器的基本参数如表 3-3 所示。

表 3-3　激振器基本参数

技术参数	单位	值
电机尺寸（长 × 宽 × 高）	mm × mm × mm	170 × 110 × 75
振动频率	Hz	0~60
振动力	kg	45
额定电压	V	220
额定功率	W	80

3.3.1.5　旋风分离器设计

种子包衣机普遍存在粉尘污染严重的问题，针对此类问题，团队研究人员设计了一种由多个除尘装置串联组成的除尘系统。除尘系统是一款改造的旋风除尘器，如图 3-12 所示，除尘装置采用三级分离进行除尘，当气体带着多余的粉尘由 1 进入分离器后，进口速度约为 8m/s。气体遇到交替布置的分离板后，较大的粉尘及种子会在自身的重力作用下进行下落，微粒及粉尘会在气流的作用下进入旋风分离器 2，该分离器可有效地分离 5~10μm 以上的微粒，经过 A 处到达倒锥形 B 处的粉尘的旋转速度会逐渐增加，所受的离心力会逐渐增大，到达底处。浓度大的气体下沉，浓度小的气体在涡流罩 C 的作用下会有少量进入下一回流腔 D 内，基于扩容降速原理，气体会在此处降速进入到下一级分离器 3 内，布袋被挂在挂钩 E 处搜集粉尘，多余的气体由 G 口排出，完成整个除尘过程。除尘效果如图 3-13 所示。

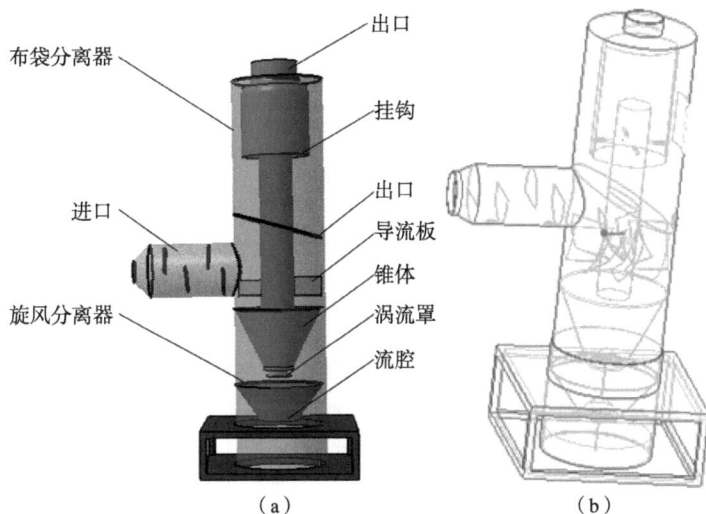

图 3-12 除尘分离器

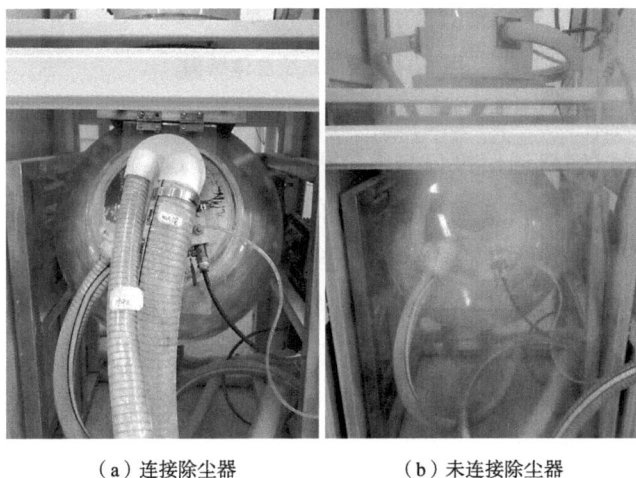

（a）连接除尘器 （b）未连接除尘器

图 3-13 除尘效果对比

3.3.2 种、粉、液供给装置控制系统设计

丸粒化包衣机的控制系统以 STC 单片机为控制核心，主要实现对种子供给系统、粉料供给系统、药液供给系统和包衣锅调整系统的综合控制，总体结构如图 3-14 所示。

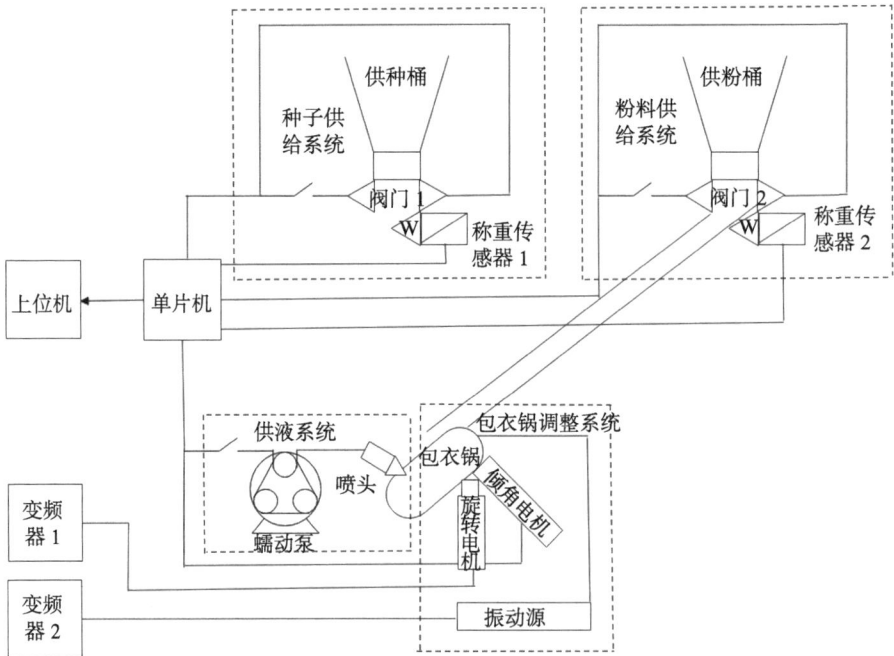

图 3-14 控制系统总体结构

单片机通过串口通信接口与上位机进行数据交换，包衣过程中，上位机向单片机发送控制指令及控制参数，单片机对各传感器采集到的数据进行实时处理、分析，一方面对各系统模块进行控制；另一方面将数据发送至上位机进行实时显示。在种子供给系统中，单片机通过称重传感器 1 实时监测供种桶内的种子变化情况，并将数据传输至上位机进行显示。同时，通过控制继电器实现阀门 1 开关，实现对供种量的精确控制。在粉料供给系统中，单片机通过称重传感器 2 实时监测供粉桶内的粉料变化情况，并将数据传输至上位机进行显示。同时，通过控制继电器实现阀门 2 开关，实现对供粉量的精确控制。在供液系统中，单片机通过控制继电器的开合，实现蠕动泵的启停

及运行时间的控制。在包衣锅调整系统中,单片机通过对倾角步进电机的控制,实现包衣锅倾角的自动调节。

为提高设备运行的自动化程度,并对运行参数进行实时监测,采用 LabVIEW 设计了上位机控制系统,软件界面如图 3-15 所示。

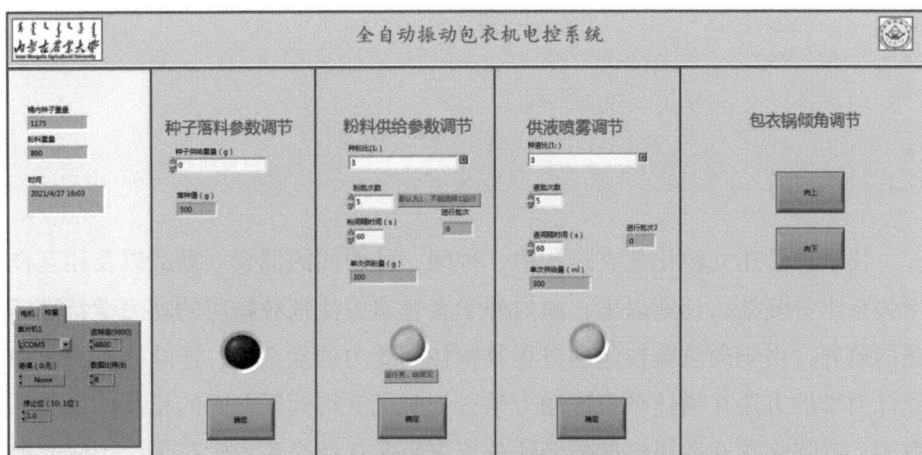

图 3-15　上位机控制系统

该上位机控制系统可对落种、供粉、供液喷雾等参数进行综合设置。其中,落种参数主要设置需要供给到包衣锅内的种子重量,供给过程中,界面上会实时显示当前的供给量。供粉参数主要设置种粉比、供粉次数和两次供粉的时间间隔,在完成种粉比选择后,软件会根据供种质量自动计算出供粉量,然后根据设置的供粉次数计算出单次供粉量。供液喷雾参数主要设置种液比、供液次数和两次供液的时间间隔,在完成种液比选择后,软件会根据供种质量自动计算出供液量,然后根据设置的供液次数计算出单次供液量。另外,软件还可以对包衣锅的倾角进行调节,点击"向上"按键可实现包衣锅倾角的增大,点击"向下"按键可实现包衣锅倾角的减小。

上述过程为全自动运行,上位机通过串口通信接口发送控制参数至单片机控制器,单片机控制器按照指令完成包衣过程,并将包衣过程的各项数据实时发送至上位机控制系统进行显示。

通过校准的种子、粉料、液体供给系统,可以实现种、粉、液的精确供给,为种子丸粒化包衣质量的控制提供了基础。

第4章

小粒牧草种子丸粒化包衣机理分析

牧草种子在丸粒化包衣过程中，种间、种粉间的混合、黏结以及相互作用关系十分复杂。长期以来，国内外学者普遍关注颗粒物质的动力学特性问题的研究，由于离散颗粒运动过程及颗粒间受力的复杂性，连续介质力学和统计力学的方法在描述颗粒流动力学行为时无法得到颗粒间的相互作用关系模型。近年来普遍使用离散单元法分析求解非连续介质力学行为，为研究散粒体运动规律提供了一种有效手段。随着离散单元法理论的完善，离散单元法被国内外研究学者广泛用于农业物料动力学、力学方面的研究。

本研究采用离散元法对种子包衣过程进行数值模拟研究，结果将揭示种子运动规律、包衣机理和种、粉混合效果，进而为优化丸粒化包衣设备、参数和工艺提供理论参考。

4.1 牧草种子离散元仿真基础

4.1.1 离散元软件简介

离散元软件（EDEM）是一款适合分析离散颗粒的模拟仿真软件。该软件利用颗粒碰撞理论模型、离散元相关理论，结合强大的耦合功能可以将散粒体、流体以及机械设备进行联合仿真，利用 EDEM 仿真软件对种子颗粒间的相互作用及运动规律进行数值模拟仿真研究，能够辅助研究者从微观角度揭示种子颗粒间相互作用规律并揭示种子丸粒化包衣机理，进而为种子丸粒化包衣设备参数的优化提供技术支持。

EDEM 软件的主要功能模块组成如图 4-1 所示。

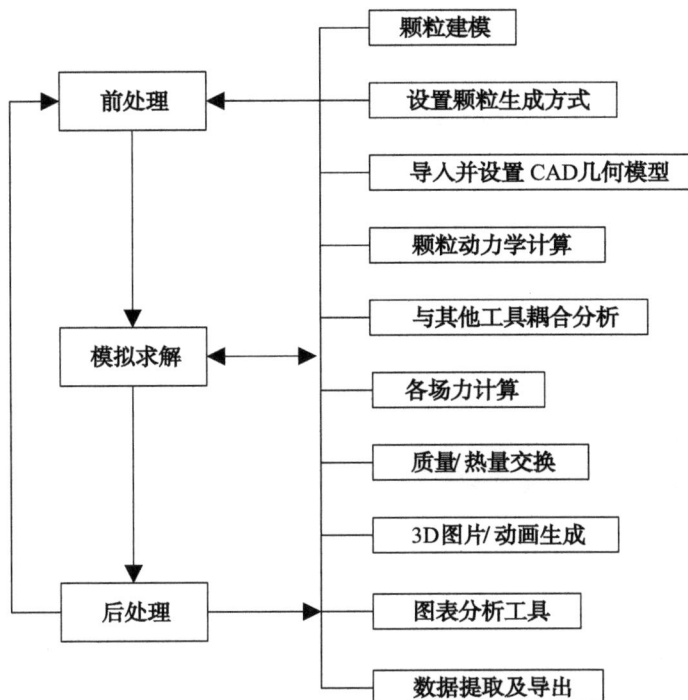

图 4-1 EDEM 软件结构

4.1.1.1 前处理部分

离散元仿真软件的前处理部分一共包括如下 4 个模块。

（1）Globals 模块。主要进行离散颗粒接触模型的设定，根据种子丸粒化包衣过程的研究对象，主要包括种子颗粒与种子颗粒、种子颗粒与丸粒化包衣机、种子颗粒与粉料颗粒、粉料颗粒与粉料颗粒、粉料颗粒与丸粒化包衣机之间接触模型的设定，仿真参数选取是否准确，将对仿真结果与实际情况是否一致产生非常大的影响。利用离散元软件仿真前应进行参数的标定。

（2）Particles 模块。主要进行颗粒仿真模型的创建，软件中主要针对圆球颗粒可以直接创建新的颗粒模型。本研究涉及的冰草种子为长舟形的不规则形状，红三叶种子为类球形的形状。针对不规则形状的颗粒创建，可以利用三维建模软件按照实际测量的冰草种子颗粒的外形尺寸、红三叶种子颗粒的外形尺寸绘制颗粒的形状，再将两种种子的三维模型转成 stl 格式后导入 EDEM 软件中，导入后的颗粒模型为线框状，利用软件提供的单球形颗粒对导入的颗粒模板进行填充，从而达到与真实颗粒一致的效果。

相关文献研究表明，对于仿真模型的建立，其尺寸和形状对仿真结果的影响较小，更多的是考虑颗粒—颗粒、颗粒—钢板之间的相互作用，故在进行参数标定时，为了兼顾仿真效率和仿真结果的真实性，对种子的边角处进行了圆角化处理。通过 EDEM 软件中的 13 个单球形颗粒对冰草种子颗粒模板进行填充，建立冰草种子的仿真模型如图 4-2（a）所示，冰草种子一共采用 13 颗单球形颗粒进行填充，最小颗粒半径为 0.24mm。红三叶种子一共采用 9 颗单球形颗粒进行填充，最小颗粒半径为 0.38mm，如图 4-2（b）所示。

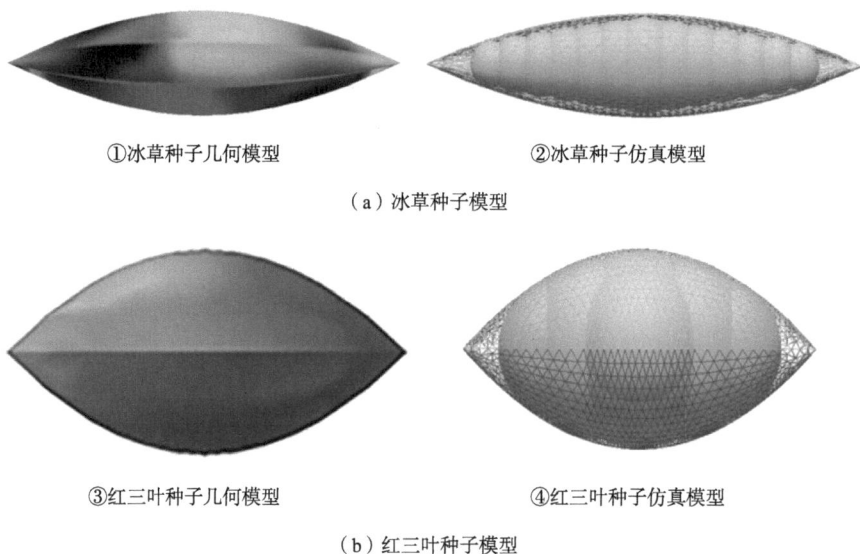

①冰草种子几何模型　　　　②冰草种子仿真模型

（a）冰草种子模型

③红三叶种子几何模型　　　　④红三叶种子仿真模型

（b）红三叶种子模型

图 4-2　种子离散元模型

（3）Geometry 模块。主要进行机械设备几何体仿真模型的创建，通过三维制图软件绘制机械设备几何体三维模型，转成 stl 格式后导入 EDEM 软件中，通过操作界面对设备模型整体结构进行动力学参数的设定，如振动、旋转速度等运动方式的设定。同时，可以设定产生颗粒虚拟平面相关参数，便于第四模块（Factories）中颗粒工厂的创建。

采用三维建模软件根据试验真实包衣锅尺寸绘制了种子丸粒化包衣锅几何模型，由于 EDEM 软件中可直接设置丸粒化包衣锅的转动、倾角与振动参数及方式。因此，建模时省略了丸粒化包衣机中旋转电机、激振电机、角度调节装置等，简化包衣锅模型及尺寸如图 4-3 所示。

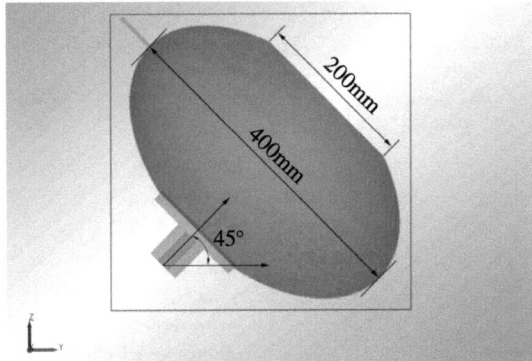

图 4-3　牧草种子丸粒化包衣锅几何模型

④ Factories 模块。主要进行颗粒工厂的创建，并按颗粒产生的总粒数或颗粒产生的总质量设定颗粒的生成速率、时间、位置以及生成时的初速度等参数。

在 EDEM 仿真试验中，依据前期测定试验在前处理部分 Globals 模块中设定种、粉、锅的基本物性参数和接触参数，并在 Geometry 模块中按照包衣锅实际工作要求设定其动力学相关参数。在包衣锅口径上方处建立 Polygon 虚拟颗粒平面，用于生成冰草种子颗粒和粉料颗粒，颗粒生成方式均采用动态生成方式，种子颗粒与粉料颗粒生成速率分别为 5000/s 和 15000/s，并按照种粉比 1∶3 的要求，种子颗粒一共生成 1000 粒，粉料颗粒一共生成 3000 粒。为兼顾仿真效率和仿真结果可靠性，生成颗粒的尺寸采用固定形式，生成颗粒初速度为 z 方向 −1m/s，仿真试验总时间为 21s，固定时间步长取 Rayleigh 时间步长（8.59×10^{-5}s）的 20% 为 1.72×10^{-5}s，且每隔 0.01s 记录一次数据，网格尺寸大小设置为最小颗粒半径的 3 倍。颗粒工厂参数设置如图 4-4 所示。

4.1.1.2　求解部分

离散元仿真软件 EDEM 的求解部分主要是用来模拟仿真计算，求解器在每一个时间步长内主要完成 4 个方面内容的计算。第一，进行颗粒间接触关系判断，颗粒间相互关系及物理量的计算。第二，以单元数据为操作对象进行运动方程判断及单元物理量的更新。第三，计算应力、应变等其他物理场。第四，进行仿真时间步长的计算。根据离散元计算过程可以看出，两次积分过程中的时间步长即仿真计算中两次迭代计算之间的时间长度对于计算结果具有重要影响。如果仿真时间步长取值较大，将丢失颗粒运动过程中的细节信息，无法准确描述颗粒的运动与接触过程。反之，如果仿真时间步长

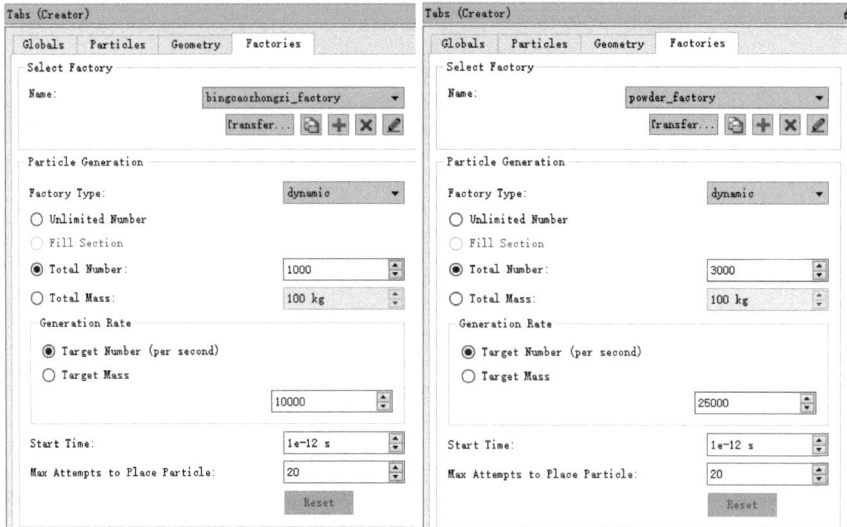

（a）冰草种子　　　　　　　　　　（b）粉料

图 4-4　颗粒工厂参数设置

取值过小，将导致系统采集与处理的数据点数量太大，系统仿真时间有时持续 1~2d，甚至更长。因此，如何选择合理的仿真时间步长不仅仅关系到仿真结果的准确性，同时也影响仿真效率的高低。为了兼顾仿真效率与仿真结果的准确性，应该综合考虑选取仿真的时间步长。

在进行离散元仿真时，软件中会根据仿真颗粒对象的特点，自动计算出瑞利时步，其计算公式如下：

$$T_R = \pi R \sqrt{\frac{\rho}{G}} \frac{1}{0.1631\nu + 0.8766} \tag{4-1}$$

式中：R 为种子颗粒半径（mm）；ρ 为种子颗粒密度（g/cm³）；G 为剪切模量（Pa）；ν 为泊松比。

瑞利时步是软件根据离散单元法在仿真准静态微粒系统时自动计算出的理论最大时间步长，通常都在系统给出的瑞利时步的基础上，选取瑞利时步的一个百分比作为操作时间步长，针对本研究的研究对象，种子颗粒与粉料颗粒之间的接触属于高接触颗粒集合（配位颗粒数 ≥ 4），所以选择 20% 瑞利时步作为仿真时间步长。

4.1.1.3　后处理模块

离散元仿真软件 EDEM 的后处理模块主要功能是实现软件与用户的交互，

使用者根据需要选择不同的输出要求，软件求解器将对应的计算结果载入相应的数据文件，内部实现信息处理与图像输出等功能，最终在用户界面上显示输出图像及所需参数。例如，可以利用 EDEM 软件分析出颗粒与颗粒、颗粒与机械设备几何体之间的接触情况和受力情况，并通过动画进行实时显示。对于研究中涉及的种子颗粒、粉料颗粒多组元颗粒的仿真分析，可以通过对不同种类的颗粒设定不同的颜色以及显示方式来获得颗粒的运动规律和受力情况。同时，还可以根据实际需求划分不同的网格单元组，实时动画显示和输出不同网格的仿真结果数据。

4.1.2　离散颗粒力学分析基本方法

离散元素法通常将求解空间离散为颗粒单元阵，相邻两单元根据实际问题利用合理的模型进行连接，然后通过力与位移变量之间的关系计算两单元间法向作用力和切向作用力。根据牛顿第二定律，通过单元合外力及合力矩与加速度之间的关系，利用时间积分及循环迭代计算，可以得到所有单元在任意时刻的速度、加速度和角速度等相关物理量。离散元计算流程如图 4-5 所示。

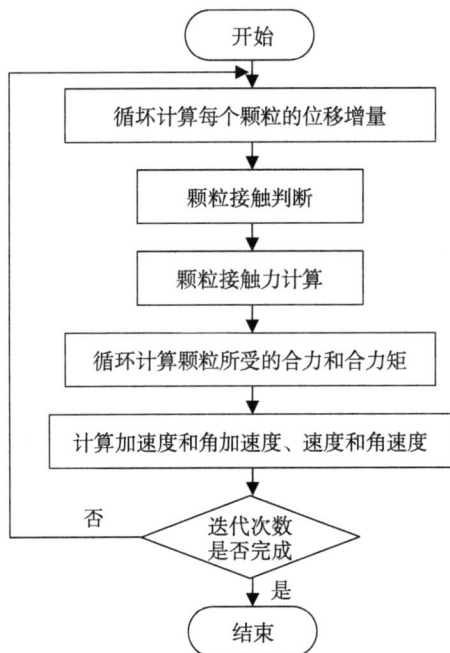

图 4-5　离散元计算流程

牧草种子在丸粒化包衣过程中，根据牛顿第二定律可知，颗粒 i 受到的合外力 $\sum F$ 和合外力矩 $\sum T$ 可用如下公式表示：

$$m_i \frac{\mathrm{d}\dot{s}}{\mathrm{d}t} = \sum F \tag{4-2}$$

$$I_i \frac{\mathrm{d}\dot{\sigma}}{\mathrm{d}t} = \sum T \tag{4-3}$$

式中：s 为颗粒 i 的平移距离（m）；σ 为颗粒 i 的旋转角度（rad）；m_i 为种子颗粒 i 的质量（g）；I_i 为种子颗粒 i 的转动惯量（kg·m^2）。

对上述公式运用中心差分法进行两次积分，可以得到：

$$\left(\dot{s}\right)_{N+\frac{1}{2}} = \left(\dot{s}\right)_{N-\frac{1}{2}} + \left[\sum \frac{F}{m_i}\right]_N \Delta t \tag{4-4}$$

$$\left(\dot{\sigma}\right)_{N+\frac{1}{2}} = \left(\dot{\sigma}\right)_{N-\frac{1}{2}} + \left[\sum \frac{T}{I_i}\right]_N \Delta t \tag{4-5}$$

$$\left(s\right)_{N+1} = \left(s\right)_N + \left(\dot{s}\right)_{N+\frac{1}{2}} \Delta t \tag{4-6}$$

$$\left(\sigma\right)_{N+1} = \left(\sigma\right)_N + \left(\dot{\sigma}\right)_{N+\frac{1}{2}} \Delta t \tag{4-7}$$

式中：Δt 为时间步长；N 为对应时间。

由上述计算过程可以看出，利用时间积分及循环迭代计算，可以得到所有单元在任意时刻内颗粒单元的受力、位移、加速度及运动轨迹等信息，同时得到包衣锅内粒子群的宏观运动规律。

4.2　种子颗粒丸粒化包衣过程力学分析

4.2.1　种粉颗粒混合过程受力分析

丸粒化包衣过程中的牧草种子与包衣粉料由供给装置供入丸粒化包衣锅中，颗粒在包衣锅旋转与振动作用下实现颗粒的整体运动。同时在丸粒化包衣过程中，种子与粉料颗粒之间不断进行着相互之间的扩散、碰撞、摩擦等复杂力学与运动关系。颗粒在丸粒化包衣过程中的受力可以分为外界场对颗粒的作用和颗粒之间、颗粒与包衣锅壁面之间接触产生的作用力。其中，外界场的力主要为颗粒受到的重力、摩擦力和振动力等。颗粒之间的接触作用力主要包括颗粒之间的碰撞力、种子与粉料颗粒在黏结剂的作用下，颗粒之间由于液体连接而受到的液桥力。

颗粒间的受力主要包括种子与粉料颗粒间的作用力，种子与种子、粉料与粉料间的作用力，以及种子颗粒、粉料颗粒分别与包衣锅壁面间发生的作用力，在进行颗粒与包衣锅间的作用力分析时，可以将包衣锅等效为直径无限大的颗粒，故颗粒与包衣锅之间的受力情况可参照种子与种子颗粒之间的受力情况进行分析，丸粒化包衣过程中颗粒间受力如图 4-6 所示。

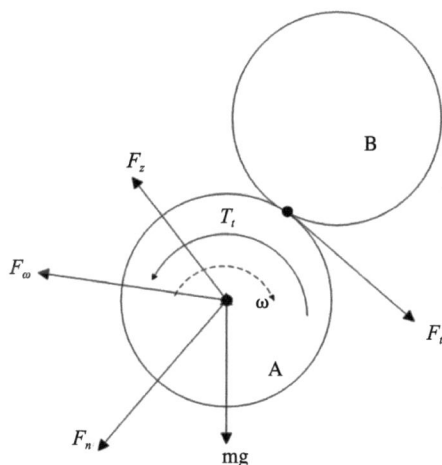

mg—重力（mm）；F_z—激振力（N）；F_n—法向碰撞力（N）；
F_t—切向碰撞力（N）；F_ω—离心力（N）。

图 4-6　牧草种子受力分析

由图 4-6 可知颗粒受到的合力与合力矩分别为：

$$\sum F = F_g + F_\omega + F_z + \sum_{j=1}^{n_i} \left(F_{n,ij} + F_{t,ij} \right) \tag{4-8}$$

$$\sum T = \sum_{j=1}^{n_i} \left(T_t + T_r \right) \tag{4-9}$$

根据各力的计算方法可以将上式变换为：

$$m_i \frac{\mathrm{d}\dot{s}}{\mathrm{d}t} = m_i g + m_i \omega_g^2 r_i + F_0 \cos(\omega_z t) + \sum_{j=1}^{n_i} (F_{n,ij} + F_{t,ij}) \qquad (4\text{-}10)$$

$$I_i \frac{\mathrm{d}\dot{\sigma}}{\mathrm{d}t} = \sum_{j=1}^{n_i} (T_t + T_r) \qquad (4\text{-}11)$$

式中：F_g 为种子颗粒重力（N）；F_ω 为种子颗粒所受到的离心力（N）；F_0 为振动幅值（N）；ω_g 为包衣锅转动角速度（rad/s）；ω_z 为施加振动力场角频率（rad/s）；F_z 为激振力（N）；$F_{n,ij}$ 为颗粒 i 受到颗粒 j 的法向接触力（N）；$F_{t,ij}$ 为颗粒 i 受到颗粒 j 的切向接触力（N）；$T_{t,ij}$ 为颗粒 i 受到颗粒 j 的切向接触力矩（N·m）；$T_{r,ij}$ 为颗粒 i 受到颗粒 j 的摩擦力矩（N·m）；n_i 为与颗粒 i 接触的颗粒总数（个）。

4.2.2　颗粒碰撞接触力分析

碰撞接触力是颗粒与颗粒或颗粒与壁面发生碰撞时，颗粒由于形变而产生的力。当种子颗粒与包衣锅壁面相撞时，将包衣锅壁面假设为一个与颗粒相同大小的虚拟颗粒，故种子颗粒和包衣锅壁面间接触力的计算方法与颗粒和颗粒间接触力的计算方法相同。采用使用较为广泛的软球模型（弹簧—阻尼—滑块模型）进行颗粒之间碰撞接触力的计算。对于两个颗粒间的碰撞如图 4-7 所示，当两个颗粒发生碰撞时，颗粒之间的接触力可以分解为法向和切向两个方向分力，在法线方向颗粒因发生碰撞而发生弹性变形，法向接触

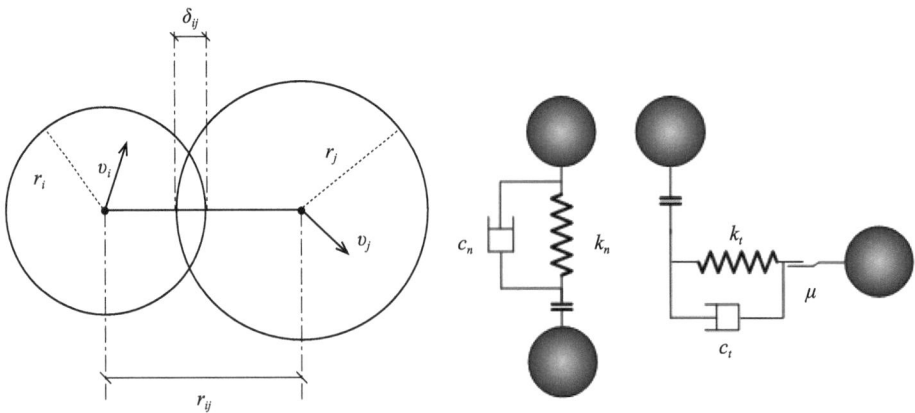

（a）软球模型中颗粒接触碰撞示意　　　　　（b）软球模型中接触力模型

图 4-7　软球模型示意

力可以分解为法向碰撞接触力和法向阻尼，接触力的大小与颗粒的法向变形量和材料刚度成正比，阻尼力则表示颗粒在接触时的能量损失大小。在切线方向如果切向力大于两颗粒间的摩擦力时将产生颗粒间的相对滑动，同时在切向力作用下颗粒产生旋转。

（1）当两颗粒发生碰撞时，法向接触力 F_n 可表示为：

$$F_n = -k_n \delta_n \overrightarrow{n} - c_n v_n \tag{4-12}$$

式中：k_n 为法向刚度系数；δ_n 为法向变形量（m）；c_n 为法向阻尼系数；$\overrightarrow{n}$

为颗粒接触点处法向单位矢量，$\overrightarrow{n} = \dfrac{\overrightarrow{r_i} - \overrightarrow{r_j}}{\left|\overrightarrow{r_i} - \overrightarrow{r_j}\right|}$，$\overrightarrow{r_i}, \overrightarrow{r_j}$ 为颗粒 i，j 的球心位置矢量；

v_n 为颗粒相对速度的法向分量值，$v_n = \left[(v_i - v_j)\overrightarrow{n}\right]\overrightarrow{n}$。

（2）两颗粒碰撞时，切向接触力可用下式表示：

$$F_t = \begin{cases} k_t \delta_t - c_t v_t & \left|F_t\right| < \mu\left|F_n\right| \\ \mu\left|F_n\right|\overrightarrow{t} & \left|F_t\right| > \mu\left|F_n\right| \end{cases} \tag{4-13}$$

式中：k_t 为切向刚度系数；δ_t 为切向变形量（m）；c_t 为切向阻尼系数；$v_t = v_{tj} - v_{ti}$ 为相对速度的切向分量值；v_{tj}，v_{ti} 为颗粒 i、j 在接触点处的切向速度分量；μ 为颗粒间摩擦系数；$\overrightarrow{t}$ 为切向单位矢量，$\overrightarrow{t} = \dfrac{v_t}{\left|v_t\right|}$。

观察切向接触力计算式可以发现，当两颗粒之间碰撞满足条件 $\left|F_t\right| > \mu\left|F_n\right|$ 时，颗粒间在切线方向上将发生相对滑动，此时接触力满足滑动摩擦计算公式；相反，当两颗粒之间不产生相对滑动时，切向接触力的计算过程与法向接触力的计算过程相似。

接触力计算过程中的法向刚度系数 k_n、切向接触刚度 k_t 等参数可由 Hertz 接触理论得到：

$$k_n = \frac{3}{4}\left(\frac{1-v_i^2}{E_i} + \frac{1-v_j^2}{E_j}\right)^{-1}\left(\frac{r_i + r_j}{r_i r_j}\right)^{-\frac{1}{2}} \tag{4-14}$$

式中，v_i、v_j 分别为颗粒 i、j 的泊松比；E_i、E_j 分别为颗粒 i、j 的弹性模量；r_i、r_j 分别为颗粒 i 与颗粒 j 的半径（mm）。

当两颗粒为同种颗粒发生碰撞，则上式可以简化为 $k_n = \dfrac{\sqrt{2RE}}{3(1-v^2)}$。

法向阻尼的表达式为：

$$c_n = \sqrt{\frac{4mk_n\ln^2\varepsilon}{\pi^2+\ln^2\varepsilon}} = \frac{2\ln\varepsilon\sqrt{mk_n}}{\sqrt{\pi^2+\ln^2\varepsilon}} \tag{4-15}$$

式中：ε 为碰撞恢复系数。

同理可得切向接触刚度公式：

$$k_t = 8\delta_n^{\frac{1}{2}}\left(\frac{1-v_i^2}{G_i}+\frac{1-v_j^2}{G_j}\right)^{-1}\left(\frac{r_i+r_j}{r_ir_j}\right)^{-\frac{1}{2}} \tag{4-16}$$

式中：G_i、G_j 分别为颗粒 i、j 的剪切模量（Pa）。

切向阻尼系数一般为弹簧振子的切向临界阻尼系数，即 $c_t = 2\sqrt{km_t}$。

上述关于颗粒碰撞过程中的接触力计算参数主要包括法向刚度系数、切向刚度系数、法向阻尼系数、切向阻尼系数等，这些参数无法直接进行测取，观察其计算式可以发现，通过测量颗粒的物性参数如泊松比、弹性模量、剪切模量、接触参数如恢复系数等参数便可对接触力进行求解。

4.2.3　振动力场作用下颗粒力学特性分析

将前述颗粒碰撞软球模型看成一个弹簧振子系统，则有：

$$m\ddot{\delta}+c_n\dot{\delta}+k_n\delta = 0 \tag{4-17}$$

式中：m 为等效振子质量（g），$m = \dfrac{m_im_j}{m_i+m_j}$；$\delta$ 为弹簧振子偏离平衡位置的位移（mm）。

假设 $t=0$ 时，弹簧振子的初速度为 v_0、$\delta=0$；根据初始振动条件可知振动方程的通解为：

$$\delta = Ae^{-\frac{c_n}{2m}t}\cos\left(\sqrt{\omega_0^2-\frac{c_n^2}{4m^2}}t+\varphi\right) \tag{4-18}$$

式中：$Ae^{-\frac{c_n}{2m}t}$ 为有阻尼振动的振幅，其值取决于 k_n，在小阻尼情况下，振幅成指数规律下降；$\omega_0^2 = \dfrac{k_n}{m}$，$\omega_0$ 表示系统的固有角频率（rad/s）；系统振动周

期为 $T = \dfrac{2\pi}{\sqrt{\omega_0^2 - \dfrac{c_n^2}{4m^2}}}$。

当在旋转包衣锅加入振动力场后，原振子系统相当于受迫振动，则：

$$m\ddot{\delta} + c_n\dot{\delta} + k_n\delta = F_0\cos(\omega_z t) \tag{4-19}$$

式中：F_0 为振动幅值（mm）；ω_z 为施加振动力场角频率（rad/s）。

受迫振动方程稳态解为：

$$\delta = \dfrac{F_0}{m\sqrt{\left(\omega_z^2 - \omega_0^2\right) + 4\dfrac{c_n^2}{m^2}\omega_z^2}}\cos\left(\sqrt{\omega_0^2 - 2\dfrac{c_n^2}{m^2}}t + \varphi\right) \tag{4-20}$$

对比阻尼振动结果可以看出，受迫振动的幅值与所施加振动力幅值、角频率、系统振动角频率、系统阻尼系数有关，当旋转包衣锅加入振动后，系统振动角频率为 $\sqrt{\omega_0^2 - 2\dfrac{c_n^2}{m^2}}$，系统振动频率加快；对其进行求导，可以同样得到系统振动速度加快，当振动力幅值保持不变，$\omega_z = \sqrt{\omega_0^2 - 2\dfrac{c_n^2}{m^2}}$ 时，受迫振动的振幅将达到最大值 $F_{\max} = \dfrac{F_0}{2c_n\sqrt{\omega_0^2 - \dfrac{c_n^2}{m^2}}}$。

综上所述，旋转包衣锅在增加振动力场后，系统将使颗粒间的碰撞频率增加，即种子与种子间的接触数会增加，种子与种子之间的碰撞初速度增加，即种子间的碰撞能量增加。由于振动力场的加入，种子间的运动规律及作用效果增加，将有利于种子丸粒化包衣过程。

4.2.4　种、粉黏结过程力学分析

牧草种子与丸粒化包衣粉料颗粒在包衣锅运转过程中，由于黏结剂的作用而同时发生颗粒间的碰撞与黏结。粉料颗粒不断的黏附于种子颗粒表面，逐渐形成丸粒化包衣壳。

种子丸粒化包衣过程中，由于粉料颗粒直径远小于种子直径，当种子颗粒与粉料颗粒碰撞接触时，可以将种子颗粒等效为直径无限大且没有弹性的平面，其作用效果如图 4-8 所示。

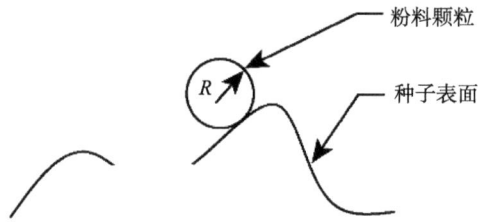

图 4-8　粉料撞击种子表面

因此，粉料颗粒以速度 V 去撞击种子表面时，符合 Hertz 弹性接触理论模型。根据 Hertz 弹性接触理论，粉料颗粒在受到冲击力 P 冲向种子颗粒时的侵入深度 δ 公式如下：

$$
\begin{aligned}
\delta^3 &= \frac{9}{16}\frac{(R_1+R_2)}{R_1 R_2}\left(\frac{1-v_1^2}{E_1}+\frac{1-v_2^2}{E_2}\right)^2 P^2 \\
&= \frac{9P^2\left(E^*\right)^2}{16R}
\end{aligned} \tag{4-21}
$$

$$
\frac{1}{E^*} = \frac{1-v_1^2}{E_1}+\frac{1-v_2^2}{E_2} \tag{4-22}
$$

$$
\frac{1}{R} = \frac{(R_1+R_2)}{R_1 R_2} \tag{4-23}
$$

式中：E_1、v_1，E_2、v_2 分别为粉料和种子的弹性模量和泊松比；R_1、R_2 分别为粉料颗粒与种子颗粒的半径（mm）。

由上式可以得到粉料冲击种子颗粒时的冲击力 P 公式如下：

$$
P = \frac{4\sqrt{R}(\delta)^{\frac{3}{2}}}{3E^*} \tag{4-24}
$$

根据牛顿第二定律知：

$$
m\frac{\mathrm{d}^2\delta}{\mathrm{d}t^2} = -P = -\frac{4\sqrt{R}(\delta)^{\frac{3}{2}}}{3E^*} \tag{4-25}
$$

对上式中的 δ 从 0 到 t 进行积分可得：

$$
\frac{1}{2}\left[V_{t=0}^2-(\frac{\mathrm{d}\delta}{\mathrm{d}t})^2\right] = \frac{8}{15}\frac{\sqrt{R}E^*}{m}\delta^{\frac{3}{2}} \tag{4-26}
$$

式中：$V_{t=0}$ 是粉料颗粒撞击种子时的初始速度（m/s）。

$\dfrac{\mathrm{d}\delta}{\mathrm{d}t}$ 在粉料撞击种子颗粒的速度为最大值时取值为 0。因此，种子与粉料之间的最大侵入深度 $\delta_{\max}$、最大载荷 $P_{\max}$ 可以分别表示为：

$$\delta_{\max} = \left[\frac{5\pi}{4} \rho \left(\frac{1-v_1^{\,2}}{E_1} + \frac{1-v_2^{\,2}}{E_2} \right) \right]^{\frac{2}{5}} R V_{ij}^{\frac{4}{5}} \tag{4-27}$$

$$P_{\max} = \frac{4}{3} \left[\left(\frac{5\pi}{4} \rho \right)^{\frac{2}{5}} \left(\frac{1-v_1^{\,2}}{E_1} + \frac{1-v_2^{\,2}}{E_2} \right) \right]^{-\frac{3}{5}} R^{\frac{3}{2}} V_{ij}^{\frac{6}{5}} \tag{4-28}$$

式中：V_{ij} 为粉料与种子颗粒冲击时的相对速度（m/s）。

当粉料与种子颗粒丸粒化包衣过程中，由于包衣锅内喷入黏合剂将种子颗粒表面浸湿，此时种子颗粒与粉料颗粒为湿颗粒。因此，对于上述 Hertz 模型应该改进为具有液桥力的湿颗粒模型，如图 4-9 所示，种子颗粒与粉料颗粒之间的半径分别为 r_1 和 r_2，两颗粒之间的距离为 d，则种子与粉料湿颗粒间的液桥力 F_y 的计算公式如下：

$$F_y = \pi\gamma\rho_2 \left(\frac{\rho_1 + \rho_2}{\rho_1} \right) + \frac{3}{2}\pi\mu V_{n,ij} \times \frac{\rho_2}{d\left[d + \dfrac{\rho_2^2\left(r_1 + r_2 \right)}{2r_1 r_2} \right]^2} \tag{4-29}$$

式中：γ 为两湿颗粒间液体表面张力（N/m）；ρ_1、ρ_2 分别为湿颗粒间液桥的第一、第二曲率半径（m）；μ 为黏合剂的黏度（Pa·s）；$V_{n,ij}$ 为两颗粒碰撞前的相对法相速度（m/s）。

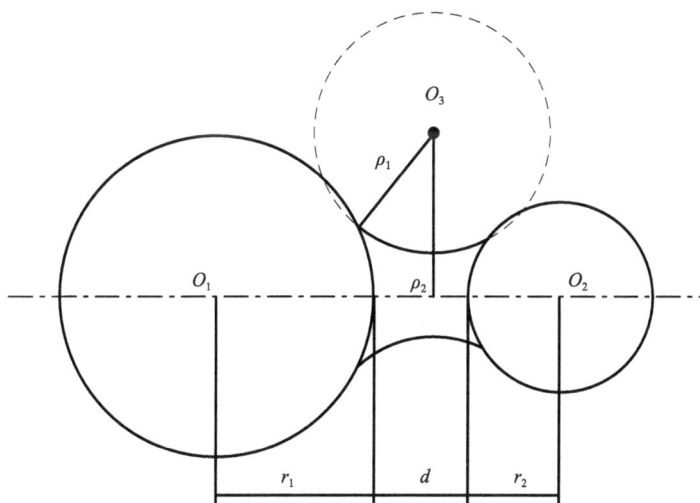

图 4-9　颗粒间液桥力模型

由 Hertz 和湿颗粒碰撞模型可以看出，粉料颗粒与种子颗粒之间发生冲击碰撞时，侵入的深度 δ_{max}、d 与种、粉颗粒之间相对速度有关，相对速度越大，颗粒间侵入深度越大，两颗粒结合得越紧密；两颗粒间的冲击力、液桥力主要取决于颗粒半径及颗粒之间冲击的相对速度，当颗粒半径保持不变的情况下，粉料和种子之间的冲击力、液桥力随着种子与粉料颗粒之间相对速度的增大而变大；振动力的引入，增加了粉料与种子颗粒之间的相对速度。因此，使种子与粉料之间的冲撞力、液桥力、侵入深度同时增加，粉料与种子表面的接触更加紧密，丸粒化包衣层的抗压强度越大。

4.3　颗粒碰撞过程能量变化分析

假设发生碰撞两颗粒的质量为 m_1、m_2，碰撞之前的速度为 V_1、V_2，碰撞后的速度为 V_1' 和 V_2'，由动力学原理和动量定律可知：

$$m_1 V_1 + m_2 V_2 = m_1 V_1' + m_2 V_2' \qquad (4\text{-}30)$$

化简可得：

$$m_1 \left(V_1 - V_1'\right) = m_2 \left(V_2' - V_2\right) \qquad (4\text{-}31)$$

种子丸粒化包衣过程中，种子与种子、种子与粉料、种子与包衣锅将发生不同情况的碰撞。

（1）种子与粉料之间的碰撞。种子与粉料在发生碰撞时，两颗粒在黏结剂的作用下黏结在一起，故两颗粒发生的碰撞为完全非弹性碰撞，则有：

$$V_1' = V_2' = \frac{m_1 V_1 + m_2 V_2}{m_1 + m_2} \qquad (4\text{-}32)$$

若定义碰撞前后的能量损失为 E，则：

$$
\begin{aligned}
E &= \frac{1}{2}\left(m_1 + m_2\right)V_1'^2 - \frac{1}{2}m_1 V_1^2 - \frac{1}{2}m_2 V_2^2 \\
&= \frac{1}{2}\frac{m_1 m_2}{(m_1 + m_2)}\left(V_1 - V_2\right)^2
\end{aligned}
\qquad (4\text{-}33)
$$

观察上式可以发现，种子与粉料之间的黏结能量与两颗粒之间速度差的平方成正比，碰撞初速度越大，颗粒之间的黏结能量越大，种子与粉料结合的越牢固。

（2）种子与种子之间的碰撞。当种子与粉料黏结之后，种子颗粒成为全新的颗粒，这时发生的碰撞为非弹性碰撞，此时可用恢复系数描述碰撞过程中速度的变化情况，即：

$$\varepsilon = \frac{V_1' - V_2'}{V_1 + V_2} \quad (0 < \varepsilon < 1) \tag{4-34}$$

将恢复系数代入动量守恒定律公式可得：

$$V_2' = V_2 - \frac{m_1}{m_1 + m_2}(1 + \varepsilon)(V_1 - V_2) \tag{4-35}$$

$$V_2' = V_2 - \frac{m_1}{m_1 + m_2}(1 + \varepsilon)(V_1 - V_2) \tag{4-36}$$

将上述 V_1'，V_2' 代入能量损失 E 的公式中便会发现，当恢复系数为定值时，损失能量只与碰撞颗粒的初速度差相关，这与种子与粉料之间的碰撞情况类似。当颗粒与包衣锅壁面发生非弹性碰撞时，情况与两种子颗粒间发生碰撞相同，只是此时的 V_2' 等于 0。

综合上述关于振动力场与旋转复合运动下的种子丸粒化包衣过程可以发现，种子颗粒与粉料颗粒在丸粒化包衣最初的挤压、滚动、移动、摩擦作用下进行运动，由于振动的加入，种子与粉料颗粒之间的冲击速度增加、运动复杂程度增加，种子与粉料之间的黏结力、黏结能量均随着冲击、碰撞速度的增加而增加，碰撞初速度越大，种子与粉料混合程度越好，颗粒之间的黏结能量越大，种子与粉料结合得越牢固。因此，振动力场可以有效改善传统旋转包衣锅的运动特性，有利于提高丸粒化包衣质量。

4.4　牧草种子丸粒化包衣过程运动特性分析

图 4-10（a）为种子丸粒化包衣过程中，种子颗粒在包衣锅中的受力情况，由图可以看出，丸粒化包衣过程中，随着包衣锅的转动，种子开始在离心力的作用下由包衣锅底部向顶端移动，同时在摩擦力作用下随包衣锅做整体旋转运动及自身的滚动。

当运动到某一时刻时，种子颗粒将会达到一个相对平衡的状态，此时对图中的受力情况进行分析可得：

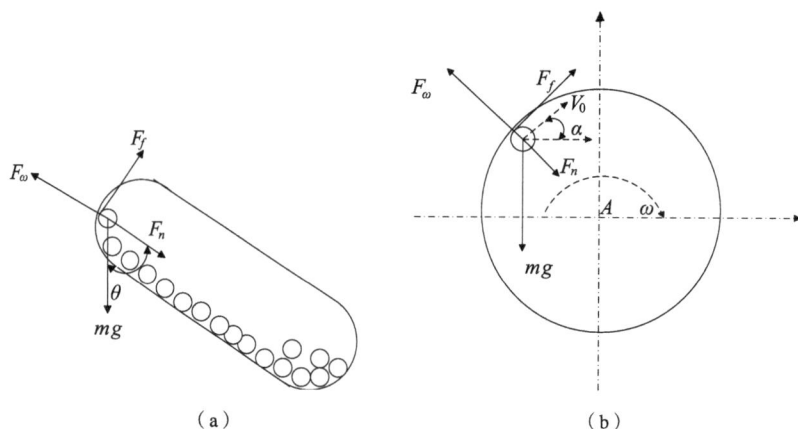

（a）   （b）

图 4-10   种子受力情况

$$G\cos\theta\cos\alpha + F_n = mr_0\omega_g^2 = F_\omega \tag{4-37}$$

$$F_f = G\sin\alpha\cos\theta \tag{4-38}$$

式中：F_ω 为种子受到的离心力（N）；F_n 为种子颗粒间、种子与包衣锅壁之间的法向反力（N）；θ 为包衣锅倾角（°）；α 为种子脱离角（°），即种子切向速度与水平方向之间的夹角；ω_g 为包衣锅旋转角速度（rad/s）。

观察公式可以看出，种子颗粒在包衣锅内运动轨迹与包衣锅倾角 θ、种子脱离角 α 及包衣锅角速度 ω_g 有直接的关系，包衣锅倾角对种子运动规律的影响如图 4-11 所示。

当包衣锅锅体的倾斜角度较小时，即当倾角小于种子颗粒的自然休止角，绝大部分种子颗粒在包衣锅内处于相对静止状态，种子颗粒将不会出现滑移与滚动运动，而是将贴在包衣锅壁面上随着包衣锅一同转动，如图 4-11C 所示。当包衣锅倾角太大时，如图 4-11A 所示，种子与粉料颗粒全部集中在包衣锅底部，即使种子颗粒与粉料在包衣锅的离心力和摩擦力带动下能够做转动与扩散运动，也只能在锅底小范围内滑动，并无滚动现象，包衣效果不佳。当包衣锅倾角如图 4-11B 所示时，倾角处于适合种子颗粒运动的位置，种子颗粒随着包衣锅转动而被拨送至较高位置后滚动下落，种子颗粒在包衣锅内做类似椭圆运动，包衣效果较好。包衣锅倾斜角度的大小影响种子颗粒在锅面上的停留时间。因此，应在保证产品质量的前提下，兼顾生产效率的提高，来合理选择倾角的大小，才能使丸粒化种子在锅内混合均匀。

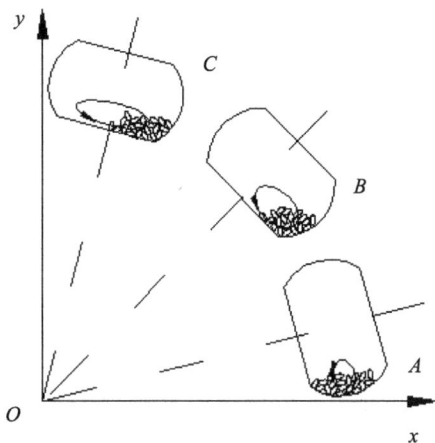

图 4-11　种子在不同角度的分布情况

当包衣锅倾角保持固定不变时，种子颗粒的运动主要受 α 及 ω_g 的变化影响，种子颗粒会在包衣锅内呈现以下典型的运动特点。

（1）包衣锅底部小范围内的滑移与滚落。包衣锅以低转速转动时，种子、粉料颗粒会随包衣锅的旋转而被整体提升到一定的高度，当种子颗粒的自由表面与水平面之间的角度超过种子颗粒本身固有的休止角，颗粒在重力作用下沿着颗粒的倾斜表面滚落下来。种子颗粒不断被提升、滚落，如此不断循环。种子颗粒处于此种运动状态时，只有种子颗粒群上方部分颗粒即表层颗粒处于运动状态，而底层区域的颗粒几乎处于静止状态，颗粒间的相对运动速度为零，颗粒之间的摩擦、搓揉作用较小，不利于种子的丸粒化包衣。根据相关学者的研究，颗粒处于滚落状态时，种子所受离心力的理论计算公式如下：

$$F_\omega = \frac{\omega_g^2 R}{g} = 8\frac{r}{R}\frac{1}{\sin^2\xi}(\beta_2 - \beta_1)^2 \sin\beta \tag{4-39}$$

式中：ω_g 为包衣锅转速（rad/s）；ξ 为表征颗粒填充系数的填充角（°）；β_1、β_2 分别为种子颗粒发生滚落时和稳定后的休止角（°）；r、R 分别为种子颗粒与包衣锅半径（mm）。

观察上式可以发现，种子颗粒的运动状态与物料本身的休止角、物料充填系数、包衣锅转速等有关。

$$\omega_g = \sqrt{\frac{8gr}{R^2}\frac{1}{\sin^2\xi}(\beta_2 - \beta_1)^2 \sin\beta} \tag{4-40}$$

当充填系数不变，休止角为常数时，包衣锅转速上升，将提高种子所受离心力，从而使种子颗粒被提升到更高的高度；反之，当充填系数或休止角发生变化时，种子的离心力同样发生相应的变化。因此，研究种子颗粒在旋转包衣锅内的运动状态，有必要对种子的物性参数如休止角及包衣工艺参数填充率进行测试与研究。

（2）种子颗粒随包衣锅离心转动。当包衣锅转速达到一定值时，此时离心力比种子颗粒的重力要大，种子颗粒在离心力的作用下随着包衣锅侧壁做圆周离心运动，种子颗粒之间不发生相对运动，种子与粉料之间的接触与渗透作用最弱，不利于种子丸粒化。根据受力分析可知此时的包衣锅转速应为：

$$\omega_g > \sqrt{\frac{g\cos\alpha\cos\theta}{R}} \tag{4-41}$$

此转速为包衣锅临界转速，由公式可以看出，包衣锅倾角、包衣锅直径对于临界转速均有影响。工作中，应尽量避免包衣锅转速高于该值。

（3）种子颗粒随包衣锅旋转提升后抛落。当包衣锅转速处于上述两者之间的某个合适值时，种子从包衣锅底部随包衣锅壁面旋转上升到一定高度，然后以抛物线轨迹向下抛落并最终回到锅底部。在此运动过程中，种子颗粒由于受到包衣锅壁面的摩擦力而随锅体做旋转运动。同时，由于摩擦力作用在种子颗粒外表面，种子重力作用在种子重心，种子将在摩擦力矩作用下做旋转运动，因此种子在上升阶段，不仅随锅做旋转运动，同时还会绕自身轴线做自转运动。当种子从高位被抛落以一定速度冲击锅底种群时，种子颗粒间的碰撞能量较强，有利于种子与粉料的黏结。因此，调整合适的包衣锅转速将促使种子间的摩擦、挤压、冲击、渗透等复杂运动，有利于种子与粉料之间的充分混合与接触，从而提高种子丸粒化包衣质量。

图4-10（b）为单粒种子脱离包衣锅的瞬间，此时种子受到的法向反力 $N=0$；种子的初速度为 V_0，则 $V_0 = R\omega_g = \sqrt{Rg\cos\theta}$（式中 R 为包衣锅半径），根据斜抛运动可知种子的速度和位移公式为：

$$\begin{cases} V_x = V_0\cos\alpha \\ V_y = V_0\sin\alpha - gt \end{cases} \tag{4-42}$$

$$\begin{cases} X = V_0 t\cos\alpha \\ Y = V_0 t\sin\alpha - \dfrac{1}{2}gt^2 \end{cases} \tag{4-43}$$

式中：V_0 为种子脱离包衣锅壁面时的初速度（m/s）；α 为初速度 V_0 和水平方向的夹角（°）。

对种子下落的最大高度进行分析，得到种子落体高度公式为：

$$H = \frac{9}{2}R\cos\theta\sin^2\alpha \tag{4-44}$$

由上式可知，种子的落体高度 H 及运动轨迹与包衣锅的半径 R、包衣锅倾角 θ 及脱离角 α 有关，脱离角与包衣锅的旋转速度相关。因此，当包衣锅结构确定时，种子在包衣锅中的运动轨迹取决于包衣锅倾角及包衣锅转速。同时由于振动的存在，种子在振动力的作用下开始跳动，使种、粉之间互相渗透、混合均匀，种子与种子之间存在复杂的碰撞力，增加了种子与种子、种子与粉料之间的接触概率，从而有效提高丸粒化合格率。

上述运动过程为种子颗粒沿与包衣锅轴线垂直方向的横向运动，对于较大填充率，种子沿轴向方向的运动明显不足，丸粒化粉料落在种子颗粒群的外侧，需要经过较长时间的转动、渗透才会逐渐扩散到种群中，这将使种群中粉料分布不均，导致出现包衣合格率低、多籽率高等问题。

作者研究团队提出并设计了在旋转包衣锅基础上添加振动力场，振动力的引入，增加了粉料与牧草种子颗粒的振动幅值，同时增加了颗粒的运动速度，颗粒在振动与旋转复合作用下，在原来移动、滚动、转动的基础上，增加了沿振动方向的跳跃运动，振动丸粒化包衣机加剧了种子与粉料颗粒之间的复杂运动程度，有利于种、粉间的快速渗透与混合，从而可以缩短丸粒化时间，提高丸粒化质量。

第5章
牧草种子物性参数测定与仿真参数标定

在种子丸粒化包衣过程中，种子与种子、种子与粉料之间的混合运动以及相互之间的接触、碰撞关系较为复杂，依据离散元分析理论，采用离散元分析软件 EDEM 对牧草种子丸粒化包衣过程进行数值模拟分析，有利于揭示种子的运动学和动力学特性以及种、粉之间的相互作用关系和混合机理，进而改善和优化包衣设备、包衣工艺参数和包衣机工作参数。通过对牧草种子仿真参数进行校准和标定，有利于提高将离散元分析理论和方法应用于牧草种子丸粒化包衣研究过程中的准确度。

5.1　试验材料与基本物性参数测定

本研究选取适宜在干旱、半干旱地区自然气候条件下生长的天然冰草、红三叶种子作为试验对象，两种牧草种子属于散粒体物料，其基本物性参数包括种子外形尺寸（长度 C × 宽度 K × 厚度 H）、千粒重、密度、含水率、弹性模量、泊松比和剪切模量。

5.1.1　外形尺寸、千粒重、密度和含水率

首先，对冰草种子和红三叶种子的外形尺寸、千粒重、密度和含水率进行试验测定。采用精度为 0.02mm 的数显游标卡尺、精度为 0.1g 的电子天平和精度为 1mL 的量筒分别测取冰草种子和红三叶种子的外形尺寸（长 C × 宽 K × 厚 H）、千粒重和密度，种子外形尺寸测定示意图如图 5-1 所示。

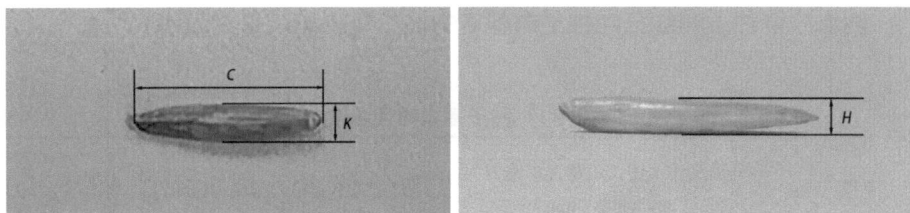

（a）冰草种子外形尺寸测定

（b）红三叶种子外形尺寸测定

图 5-1　种子外形参数测定示意

采用烘箱干燥法对冰草种子和红三叶种子的含水率进行试验测定，烘干试验使用如图 5-2 所示电热鼓风干燥箱进行，种子含水率计算公式如下：

$$Q = \frac{m_1 - m_2}{m_1} \times 100\% \tag{5-1}$$

式中：m_1 为烘干前种子的质量（g）；m_2 为烘干后种子的质量（g）。

图 5-2　电热鼓风干燥箱测定含水率

测取冰草种子和红三叶种子的基本物性参数测试结果见表 5-1。

表 5-1 种子基本物性参数

草种	外形尺寸（长 C× 宽 K× 厚 H） （mm×mm×mm）	千粒重（g）	密度（kg/m³）	含水率（%）
冰草种子	$5.1 \pm 0.295 \times 1.2 \pm 0.094 \times 1.3 \pm 0.058$	5 ± 0.864	1787 ± 0.049	1.0 ± 0.035
红三叶种子	$2.0 \pm 0.125 \times 1.5 \pm 0.054 \times 1.1 \pm 0.062$	1.5 ± 0.156	1279 ± 0.035	2.4 ± 0.028

5.1.2 弹性模量、泊松比和剪切模量

通过对冰草种子的长度、宽度和厚度方向尺寸进行测量，发现其长度方向上的尺寸较其宽度和厚度方向上的尺寸相差较多。利用专业食品物性分析仪（型号：TMS-PRO）对被测冰草种子沿着 H 方向进行压缩试验，获得种子的弹性模量，测试过程如图 5-3 所示。

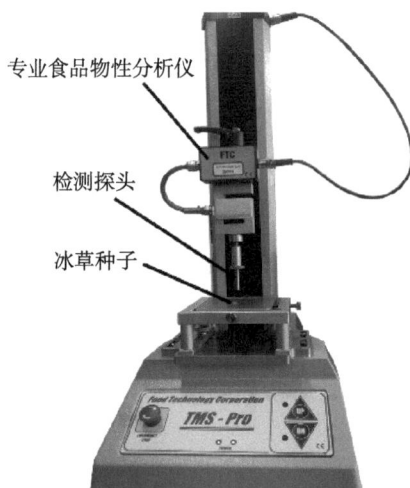

专业食品物性分析仪

检测探头

冰草种子

图 5-3 冰草种子压缩、剪切试验

首先，将被测冰草种子水平放置在物性分析仪下方平面上，压缩试验开始前，采用半径为 5mm 的圆柱形侧头，设定试验加载速度为 0.25mm/s，沿种子厚度方向进行加载，总加载时间为 5s。加载完成后，利用 TMS-PRO 系统

后处理模块获得冰草种子在整个压缩过程中的力—位移数据，重复 6 次压缩试验后取其平均值，通过下式获得冰草种子的弹性模量 $E=5.34 \times 10^7 \mathrm{Pa}$。

$$E = \frac{\sigma}{\varepsilon} \tag{5-2}$$

式中：E 为冰草种子弹性模量（Pa）；σ 为最大压应力（Pa）；ε 为线应变。

泊松比是冰草种子在离散元仿真中十分重要的本征参数之一，利用定义法对冰草种子的泊松比进行测定。泊松比计算公式如下：

$$\mu = \left| \frac{\varepsilon_x}{\varepsilon_y} \right| = \frac{\Delta C / C}{\Delta H / H} \tag{5-3}$$

式中：μ 为泊松比；ε_x 为种子横向应变；ε_y 为种子纵向应变；ΔC 为种子横向绝对变形量（mm）；C 为种子横向原长度（mm）；ΔH 为种子厚度方向绝对变形量（mm）；H 为种子厚度方向原长度（mm）。

采用 TMS-PRO 型物性分析仪，开展冰草种子泊松比测定压缩变形试验，种子泊松比测定试验开始之前，需对其长度和厚度方向的尺寸进行测量。设定加载速度为 0.5mm/s，加载时间为 3s，沿种子厚度方向进行加载。加载完成后，利用数显游标卡尺测量种子长度方向尺寸变化值，一共进行 6 组试验并计算平均值。由下式计算得到冰草种子剪切模量。

$$G = \frac{E}{2(1+\mu)} \tag{5-4}$$

式中：G 为冰草种子剪切模量（Pa）；E 为冰草种子弹性模量（Pa）；μ 为冰草种子泊松比。

通过对红三叶种子外形尺寸进行测量，发现其形状不一，且种子尺寸非常小，难以通过常规试验方法对其泊松比和剪切模量进行测定，故本研究依据研究文献得到红三叶种子泊松比和剪切模量范围（马文鹏，2020），并以此范围作为后期红三叶种子离散元仿真参数标定试验中试验参数（泊松比、剪切模量）范围选择的依据。牧草种子仿真参数见表 5-2。

表 5-2　种子泊松比和剪切模量

草种	泊松比	剪切模量（MPa）
冰草种子	0.379~0.433	19
红三叶种子	0.2~0.4	5~20

5.2　接触参数测定

采用离散元法对种子进行模拟仿真试验时所用到的接触参数有种子与种子之间、种子与钢板之间、种子与粉料之间的恢复系数、静摩擦系数和滚动摩擦系数等。为了提升接触参数在利用离散元法进行数值模拟试验中的准确性，需采用物理试验和仿真试验相结合的方法对其进行校准和标定。

5.2.1　碰撞恢复系数的测定试验

种子在丸粒化包衣过程中由于包衣锅的转动，种子与种子、种子与包衣锅之间会产生多次的碰撞和挤压，种子上已包裹的包衣粉料容易在碰撞和挤压的作用下发生分离，进而造成种子单籽丸粒化合格率较低，丸粒化品质较差。碰撞恢复系数是离散元仿真分析中一个十分重要的接触参数，是评价物料发生碰撞和挤压后能够恢复到最初形状能力的重要仿真参数。依据牛顿碰撞定律可知，针对已确定材料属性的两个物体，碰撞恢复系数为两物体发生碰撞后分离的相对速度和碰撞前相对接近速度的比值。即：

$$\varepsilon = \frac{v_2' - v_1'}{v_1 - v_2} \quad （5\text{-}5）$$

式中：v_1' 为碰撞后物体 1 的速度（m/s）；v_2' 为碰撞后物体 2 的速度（m/s）；v_1 为碰撞前物体 1 的速度（m/s）；v_2 为碰撞前物体 2 的速度（m/s）。

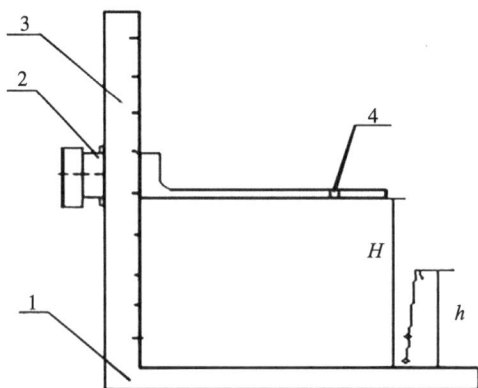

1—支撑座；2—跌落架；3—标尺；4—落种孔；H—物体跌落高度（mm）；h—物体回弹高度（mm）。

图 5-4　恢复系数测试原理示意

　　碰撞恢复系数试验装置如图 5-4 所示。如果物体 1 从跌落架的落种孔中自由下落与被测物体 2 碰撞，碰撞后物体 1 自由弹起，物体 1 下落与上升运动过程中，只有物体 1 自身重力做功，物体 2 在整个过程中没有运动，故碰撞前、后的速度 v_2、v_2' 均为 0，$v_1' = \sqrt{2gh}$、$v_1 = \sqrt{2gH}$。由此可见，碰撞恢复系数的计算可以简化为：

$$\varepsilon = \sqrt{\frac{h}{H}} \tag{5-6}$$

　　式中：g 为重力加速度（m/s²）；h 为回弹高度（m）；H 为跌落高度（m）。

　　基于上述原理，恢复系数的测试过程如下。

　　（1）选用 POC.dimax S 型高速摄像系统采集种子跌落视频与照片。首先将电脑与高速摄像机连接，打开摄像机 Camware 64 控制软件，通过调整相机三脚架高度确保摄像机与种子碰撞平面处于水平位置，镜头与测试面之间的距离为 59cm，通过控制软件观看相机视野景物的清晰度，通过调整焦距、光圈、拍摄频率、曝光时间等参数确保相机能够清晰地捕捉种子下落的过程。种子碰撞恢复系数测试系统装置如图 5-5 所示。

　　（2）考虑小颗粒种子易受空气阻力的影响。将种子从高度尺距碰撞面 15cm 处自由下落，与被测定物体碰撞后弹起。利用高速摄像机捕捉种子整

图 5-5　恢复系数测试系统装置

个碰撞与运动过程。以钢板、黏有种子、粉料的测量板为接触底板，分别测试冰草种子、红三叶种子依次下落的碰撞试验，拍摄种子下落过程时，高速摄像机参数设置分别为拍摄帧率500Hz、分辨率像素1920×1080、曝光时间10ms，利用高速摄像机的浏览功能选择符合要求的视频序列进行保存。

（3）利用TEMA3.4-500软件处理将过程2中保存的视频进行分析，软件参数设置如图5-6所示。图中两个参考点之间的距离为20cm，以Point1为坐标参考原点，通过软件的跟踪功能获得种子下落及整个碰撞过程的位移曲线，从而确定种子的碰撞恢复系数。图5-7（a）（b）分别为冰草种子、红三叶种子与钢板间碰撞过程位移曲线。

（4）重复上述方法分别测试种子与种子、种子与钢板、种子与粉料之间的碰撞恢复系数，经10次重复试验后，测试结果平均值见表5-3。

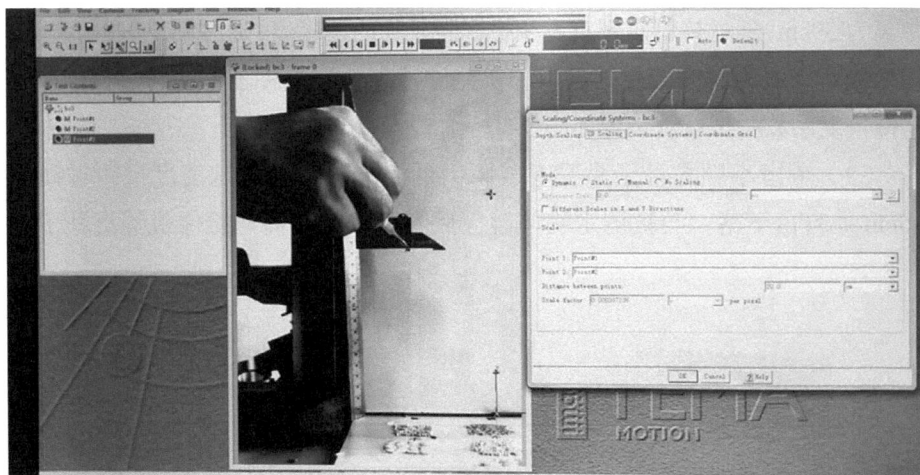

图 5-6　视频处理软件参数设置

表 5-3　碰撞恢复系数测定结果

参数	平均值	参数	平均值
冰草种子—冰草种子	0.55 ± 0.039	冰草—粉料	0.36 ± 0.046
冰草种子—钢板	0.51 ± 0.086	红三叶—粉料	0.2 ± 0.026
红三叶种子—红三叶种子	0.50 ± 0.015	粉料—粉料	0.23 ± 0.015
红三叶种子—钢板	0.57 ± 0.053	粉料—钢板	0.4 ± 0.035

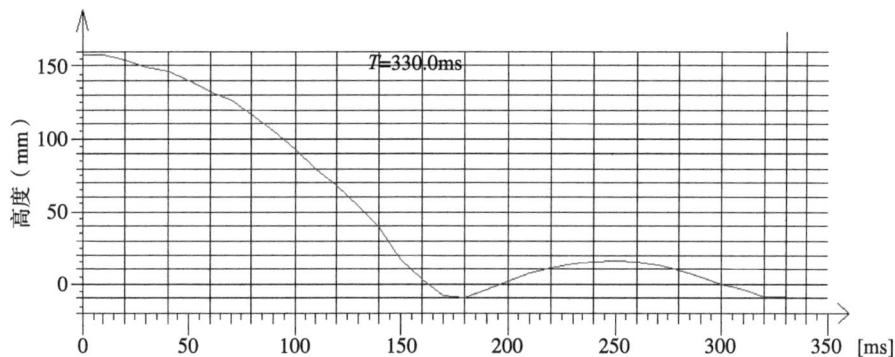

（a）冰草种子与包衣锅跌落试验

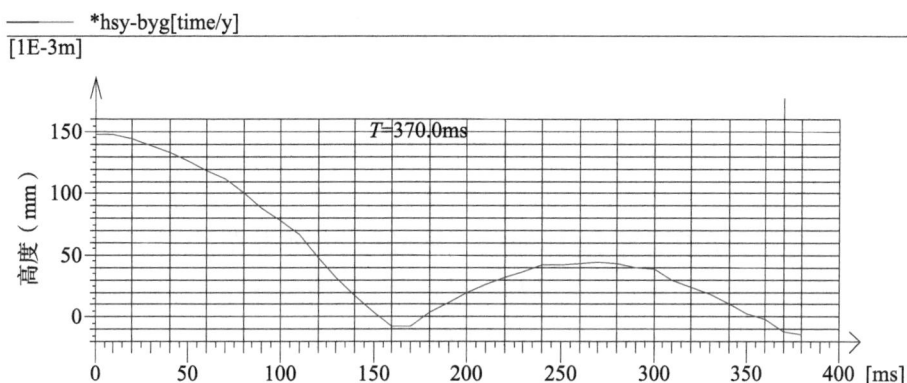

（b）红三叶种子与包衣锅跌落试验

图 5-7　种子跌落碰撞过程位移曲线

5.2.2　静摩擦系数的测定试验

图 5-8 为摩擦系数测定试验装置。由图可知，当被测种子静止放置在测试设备斜面上时，种子受到自身重力、斜面的支持力与摩擦力，对种子进行受力分析可以得到：

$$G\sin\alpha = \gamma G\cos\alpha \tag{5-7}$$

式中：α 为斜面仪角度（°）；G 为被测种子重力（N）；γ 为物体的摩擦系数。

当斜面仪指示角度达到使放置在斜面上的种子刚好有向下滑动趋势时，则有：

$$\tan\alpha = \gamma \tag{5-8}$$

此时斜面仪上所显示的倾角为被测种子的静摩擦角，依据此原理与方法可以确定被测种子的静摩擦系数。

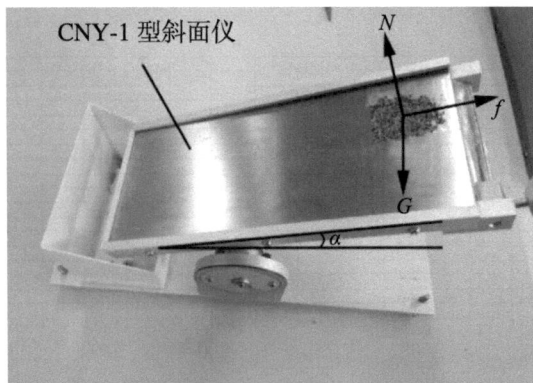

α—斜面仪指示角度（°）；N—斜面对被测物的支持力（N）；
f—摩擦力（N）；G—被测种子的重力（N）。

图 5-8　摩擦系数测定试验过程

采用 CNY-1 型斜面仪进行被测种子静摩擦系数的测定。测试过程如下：

（1）测试种子与种子之间的静摩擦系数时，由于被测试种子为冰草种子和红三叶种子，其具有种子粒径较小、外形尺寸大小存在差异性等特点，故为了准确获得种子与种子之间的静摩擦系数，利用黏合胶将多粒种子进行黏合形成种群，再将种群贴在测试仪器斜面上。

（2）测试试验开始时，将单粒被测试种子放置在由多粒种子制成的种群上，缓慢向上抬起斜面仪测试平面。

（3）当单粒被测试种子在种群上发生滑动时，停止转动斜面仪斜面并记录此时斜面侧面所显示的指示角度，通过该角度可以计算出种子与种子之间的静摩擦系数。

测试种子与钢板之间的静摩擦系数时，只需要将被测试种子直接放置在斜面仪测定平面上即可，测定方法与测试种子与种子之间静摩擦系数的方法一致。冰草种子和红三叶种子和粉料测定试验各进行 20 次，结果见表 5-4。

表 5-4　静摩擦系数测定结果

参数	平均值	参数	平均值
冰草种子—冰草种子	0.58 ± 0.053	粉料—种子	0.73 ± 0.022
冰草种子—钢板	0.31 ± 0.027	粉料—粉料	0.71 ± 0.017
红三叶种子—红三叶种子	0.58 ± 0.037	粉料—钢板	0.42 ± 0.031
红三叶种子—钢板	0.38 ± 0.061		

5.2.3　滚动摩擦系数的测定试验

滚动摩擦系数是一物体在另一物体上滚动（或出现滚动趋势）时受到的阻碍作用，是由物体之间接触处的形变产生的。本研究通过斜面滚动试验测定牧草种子与粉料之间的滚动摩擦系数，如图 5-9 所示。将种子置于铺满粉料的斜面上，将斜面仪倾角调整为 40°，保证种子可顺利滚落，放置种子以初速度为

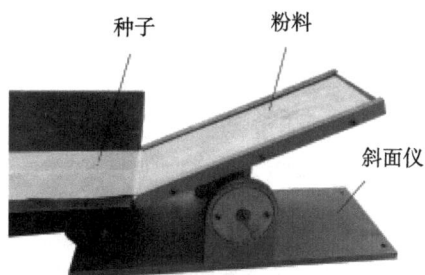

图 5-9　**斜面滚动试验过程**

0 向下滚动，最终滚至平面上，待其完全静止，测量种子水平滚动距离。试验重复 5 次并取平均值，得到种子水平滚动距离 a 为 69.2mm。

进行斜面滚动仿真试验，多次调整种子与粉料的滚动摩擦系数进行仿真试验后，当种子水平滚动距离与物理试验值接近时，确定此时的仿真输入滚动摩擦系数为实际被测物的滚动摩擦系数，测试结果见表 5-5。

表 5-5　**滚动摩擦系数测定结果**

参数	平均值	参数	平均值
冰草种子—冰草种子	0.74 ± 0.025	粉料—种子	0.37 ± 0.015
冰草种子—钢板	0.45 ± 0.036	粉料—粉料	0.38 ± 0.029
红三叶种子—红三叶种子	0.71 ± 0.087	粉料—钢板	0.31 ± 0.035
红三叶种子—钢板	0.37 ± 0.072		

5.2.4　种子休止角物理测定试验

种子与粉料休止角物理测定试验采用如图 5-10 所示的 FT-104B 型休止角测定仪。该测定仪广泛用于相关粉末粉体及颗粒材料的检测，其口径长度为 28mm，上端进料口内直径为 25mm，下端落料口内直径为 10mm，底端放置的透明圆盘直径为 100mm，圆盘高度为 25mm。

种子休止角物理测定试验过程如下所示。

（1）利用精度为 0.1g 的电子天平测取被测试种子重量（冰草种子为 5g、红三叶种子为 3.75g）；测试试验开始时，将选取好的种子从休止角测定仪上端

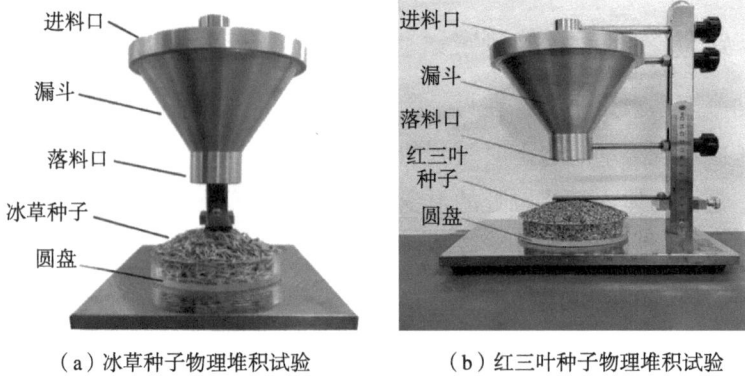

（a）冰草种子物理堆积试验　　　　　（b）红三叶种子物理堆积试验

图 5-10　种子休止角测定仪

进料口倒入并使其自由下落。

（2）当全部种子都已下落并在休止角测定仪下端透明圆盘上完成堆积且所有种子都完全静止后，利用高清相机拍下种子堆积的正视图像。

（3）截取种子堆积正视图像的单侧堆积图，利用 Matlab 对被测种子单侧堆积图像分别进行灰度化处理、二值化处理、图像边界像素点的提取和边界像素点拟合，通过 10 次重复试验，得到冰草种子、红三叶种子和粉料物理试验休止角平均值分别为 30.54°、24.57° 和 41.69°。冰草种子和红三叶种子单侧堆积图像处理过程如图 5-11、图 5-12 所示。

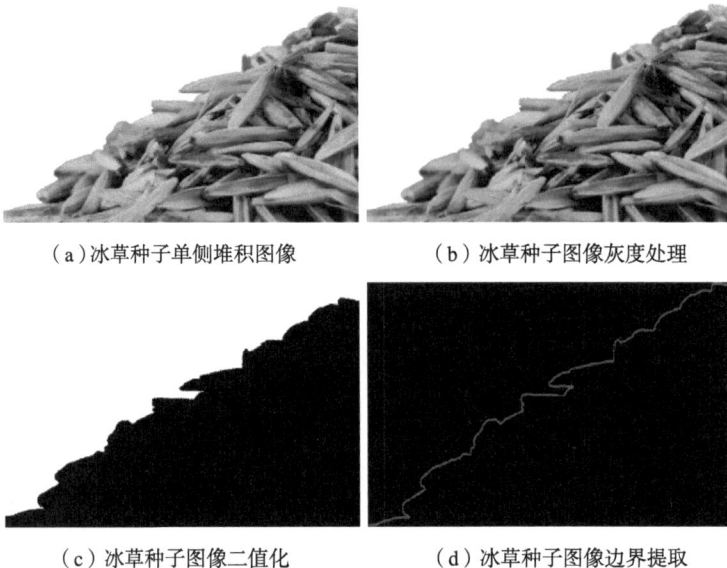

（a）冰草种子单侧堆积图像　　　　　（b）冰草种子图像灰度处理

（c）冰草种子图像二值化　　　　　（d）冰草种子图像边界提取

图 5-11　冰草种子堆积图像处理（1）

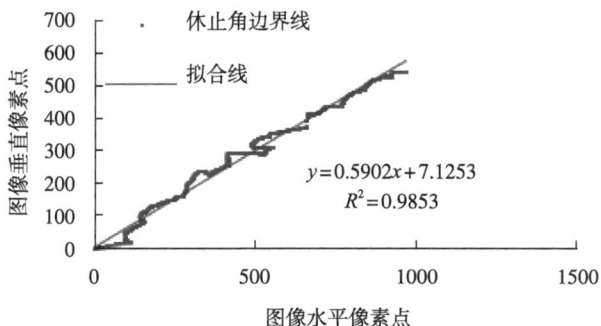

$$y = 0.5902x + 7.1253$$
$$R^2 = 0.9853$$

（e）冰草种子单侧休止角边界拟合

图 5-11　冰草种子堆积图像处理（2）

（a）红三叶种子单侧堆积图像

（b）红三叶种子图像灰度处理

（c）红三叶种子图像二值化

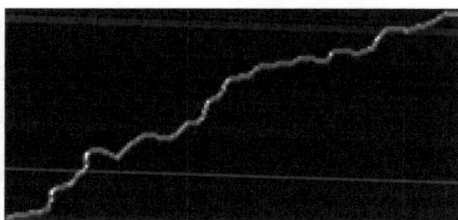

（d）红三叶种子图像边界提取

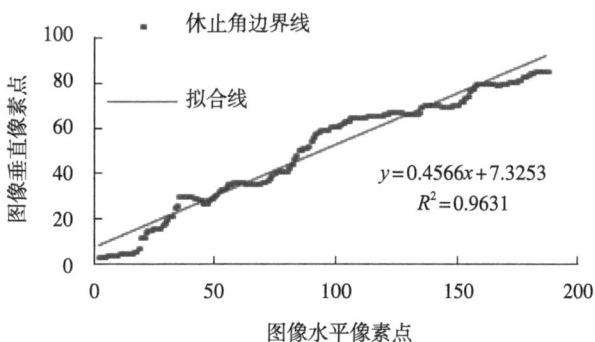

$$y = 0.4566x + 7.3253$$
$$R^2 = 0.9631$$

（e）红三叶种子单侧休止角边界拟合

图 5-12　红三叶种子堆积图像处理

5.3 种子离散元仿真模型建立与仿真参数标定

5.3.1 种子离散元仿真模型建立

依据前期物理试验测定得到的种子外形尺寸，通过 3D 建模软件 Catia 建立冰草种子和红三叶种子的几何模型，并以该模型作为种子离散元仿真模型的颗粒模板，将冰草种子和红三叶种子的三维几何模型转成 stl 格式后导入离散元仿真软件 EDEM 中，通过 EDEM 前处理中的颗粒模块，利用单个球形颗粒对种子的颗粒模板进行充填。为了兼顾仿真的效率和仿真结果的可靠性，对种子的边角以及形状较尖锐处进行了圆角化处理，仿真颗粒模型如图 5-13 所示。

（a）冰草种子仿真模型　　　　　　　　（b）红三叶种子仿真模型

图 5-13　种子仿真颗粒模型

FT-104B 型休止角测定仪离散元仿真模型的建立按照实际尺寸进行创建，如图 5-14 所示。通过 EDEM 在休止角测定仪上端口径处建立虚拟平面（Ploygon），并以建立的虚拟平面作为种子颗粒生成的颗粒工厂并设定颗粒为动态生成方式。同时，为了兼顾仿真结果真实性以及仿真效率，生成种子颗粒的尺寸采用固定形式。颗粒工厂具体参数设置以及仿真过程参数的设定见表 5-6。

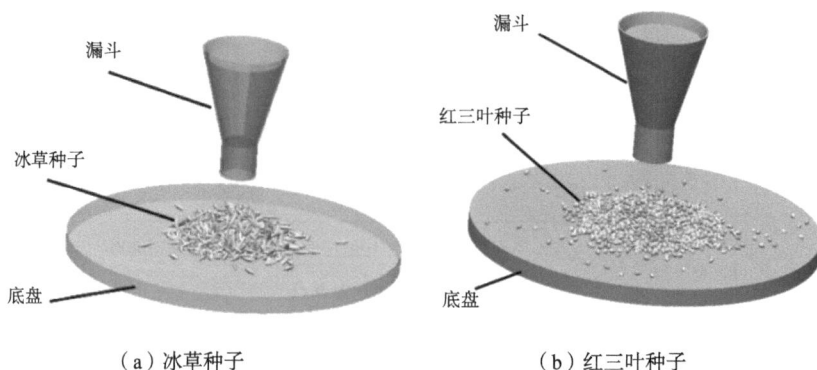

（a）冰草种子　　　　　　　　　　　　（b）红三叶种子

图 5-14　种子仿真试验休止角测定

表 5-6 颗粒生成及仿真过程参数设定

物料	颗粒生成总数（粒）	颗粒生成速率（s）	仿真试验时间（s）	瑞利时步（s）
冰草种子	1000	4000	2	1.64×10^{-5}
红三叶种子	2500	10000	2	2.17×10^{-5}
粉料	10000	20000	2	6.87×10^{-5}

仿真试验开始时，漏斗上方口径处的虚拟平面开始逐渐产生种子颗粒，已生成的种子颗粒受重力的作用开始自由下落，0.25s 后所有的种子颗粒已全部生成并逐渐开始在漏斗下端底盘处开始堆积，经 1.75s 后所有生成的种子均已在漏斗下端圆盘上堆积并静止，最终形成种子堆积休止角。

5.3.2 离散元仿真参数标定

离散元仿真参数标定试验过程如图 5-15 所示。

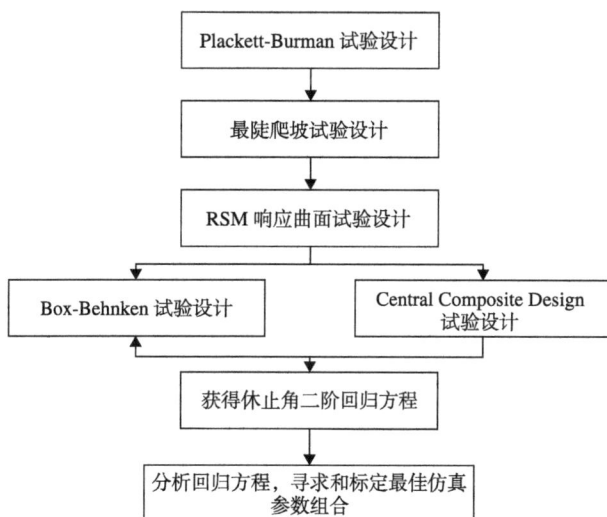

图 5-15 种子离散元仿真参数标定试验过程

5.3.2.1 Plackett–Burman 试验设计

为了确定及筛选出对仿真堆积试验休止角存在显著性影响的参数，以物理试验测定得到的平均值为试验参数范围选择依据，以仿真堆积试验休止角 θ_1、θ_2 分别作为冰草种子、红三叶种子的评价指标（响应值），将表 5-7 中各仿真试验参数的最小值和最大值分别编码为 –1 和 +1，利用 Design-Expert 11.0 软件开展 Plackett-Burman 试验设计。

表 5-7　种子 Plackett-Burman 仿真试验参数范围

仿真试验参数		种子泊松比 A_s	种子剪切模量 B_s	种子—种子恢复系数 C_s	种子—种子静摩擦系数 D_s	种子—种子滚动摩擦系数 E_s	种子—钢板恢复系数 F_s	种子—钢板静摩擦系数 G_s	种子—钢板滚动摩擦系数 H_s
冰草种子	低水平（–1）	0.3	5	0.45	0.5	0.6	0.4	0.2	0.3
	高水平（+1）	0.5	20	0.65	0.7	0.9	0.6	0.4	0.6
红三叶种子	低水平（–1）	0.2	5	0.4	0.5	0.6	0.5	0.3	0.2
	高水平（+1）	0.4	20	0.6	0.7	0.8	0.7	0.5	0.5

试验方案的设计以及结果见表 5-8 所示，仿真堆积试验结束后，参照物理堆积试验休止角测定方法，对仿真堆积试验休止角进行测定。

表 5-8　种子 Plackett-Burman 试验方案与结果

序号	A_s	B_s	C_s	D_s	E_s	F_s	G_s	H_s	休止角 θ_1（°）	休止角 θ_2（°）
1	1	1	–1	1	1	1	–1	–1	36.41	23.62
2	–1	1	1	–1	1	1	1	–1	35.91	21.64
3	1	–1	1	1	–1	1	1	1	36.87	32.67
4	–1	1	–1	1	1	–1	1	1	37.51	39.59
5	–1	–1	1	–1	1	1	–1	1	32.21	18.78
6	–1	1	1	1	–1	1	1	–1	37.51	32.09
7	1	–1	–1	–1	1	–1	1	1	32.27	19.77
8	1	1	–1	–1	–1	1	–1	1	24.23	8.95
9	1	1	1	–1	–1	–1	1	–1	28.72	10.88
10	–1	1	1	1	–1	–1	–1	1	34.61	16.56
11	1	–1	1	1	1	–1	–1	–1	41.67	19.79
12	–1	–1	–1	–1	–1	1	–1	–1	26.48	3.87
13	0	0	0	0	0	0	0	0	32.62	23.79

通过试验测定得到冰草种子和红三叶种子的每一组仿真堆积试验休止角后，采用 Design-Expert 软件中方差分析模块对试验结果进行分析，筛选得到各仿真试验参数显著性结果，见表 5-8、表 5-9。

由表 5-9 结果可以得出，冰草种子与冰草种子之间静摩擦系数、滚动摩擦系数的 $P<0.01$，对仿真堆积试验休止角影响极其显著；冰草种子与冰草种子之间的碰撞恢复系数的 $P<0.05$，对仿真堆积试验休止角的影响显著。

表 5-9　冰草种子 Plackett-Burman 试验参数显著性分析

仿真试验参数	自由度	平方和	F 值	P 值
A_s	1	1.37	0.76	0.448
B_s	1	7.71	4.25	0.131
C_s	1	20.23	11.14	0.045*
D_s	1	166.95	91.94	0.002**
E_s	1	63.30	34.86	0.009**
F_s	1	0.2945	0.16	0.714
G_s	1	14.48	7.97	0.067
H_s	1	6.75	3.72	0.149

注：** 表明影响极其显著（$P<0.01$），* 表明影响显著（$P<0.05$）。下同。

表 5-10　红三叶种子 Plackett-Burman 试验参数显著性分析

仿真试验参数	自由度	平方和	F 值	P 值
A_s	1	23.66	3.0600	0.1786
B_s	1	2.74	0.3537	0.5939
C_s	1	4.78	0.6173	0.4894
D_s	1	539.08	69.6800	0.0036**
E_s	1	121.41	15.6900	0.0287*
F_s	1	62.06	8.0200	0.0661
G_s	1	352.84	45.6100	0.0066**
H_s	1	49.74	6.4300	0.0850

由表 5-10 可以看出，红三叶种子与红三叶种子之间、红三叶种子与钢板之间静摩擦系数的 $P<0.01$，对仿真堆积试验休止角影响极其显著；红三叶种子与红三叶种子之间滚动摩擦系数的 $P<0.05$，对仿真堆积试验休止角的影响显著。

5.3.2.2　最陡爬坡试验设计

为了进一步获得显著性参数最优区间范围，依据 Plackett-Burman 试验设计所筛选出的对仿真堆积试验休止角具有显著性影响的参数（冰草种子与冰草种子之间的碰撞恢复系数、静摩擦系数、滚动摩擦系数；红三叶种子与红三叶种子之间的静摩擦系数、滚动摩擦系数，红三叶种子与钢板之间的静摩擦系数），以物理堆积试验休止角与仿真堆积试验休止角的相对误差为响应值（评价指标），开展最陡爬坡试验设计。为保证最优参数范围的逼近速度以及准确度，最陡爬坡试验设计方案及结果如表 5-11 所示。由表 5-11 结果可知：相对误差在 3 号水平处最小，可以确定冰草种子、红三叶种子的最优仿真区间在 3 号水平附近，故以 3 号水平作为中心水平点，2、4 号水平分别作为低、高水平开展 RSM 响应曲面试验设计。

表 5-11　种子最陡爬坡试验设计方案与结果

序号	冰草种子			相对误差（%）	红三叶种子			相对误差（%）
	D_s	E_s	C_s		D_s	E_s	G_s	
1	0.50	0.60	0.45	22.23	0.50	0.60	0.30	27.07
2	0.54	0.66	0.49	7.11	0.54	0.64	0.34	6.67
3	0.58	0.72	0.53	2.39	0.58	0.68	0.38	1.59
4	0.62	0.78	0.57	3.93	0.62	0.72	0.42	4.51
5	0.66	0.84	0.61	13.16	0.66	0.76	0.46	12.72
6	0.70	0.90	0.65	28.33	0.70	0.80	0.50	32.24

最陡爬坡试验仿真过程中，其他非显著性仿真参数取值如表 5-12 所示。

表 5-12　非显著性仿真试验参数取值

试验参数	值	试验参数	值
冰草泊松比	0.4	红三叶泊松比	0.3
冰草剪切模量（MPa）	12.5	红三叶剪切模量（MPa）	12.5
冰草—钢板恢复系数	0.50	红三叶—红三叶恢复系数	0.50
冰草—钢板静摩擦系数	0.30	红三叶—钢板恢复系数	0.57
冰草—钢板滚动摩擦系数	0.45	红三叶—钢板滚动摩擦系数	0.37

5.3.2.3　RSM 响应曲面试验设计

利用 Design-Expert 11.0 软件，依据最陡爬坡试验结果，以 3 号、2 号、4 号水平分别作为 RSM 响应曲面试验设计的中心水平点（0）、低水平（−1）、高水平（+1），分别以仿真堆积试验休止角 θ_1、θ_2 作为冰草种子和粉料 RSM 响应曲面试验响应值（评价指标），物理堆积试验休止角和仿真堆积试验休止角的相对误差 Y_1 作为红三叶种子的 RSM 响应曲面试验响应值（评价指标），开展 RSM 响应曲面试验设计。

冰草种子采用 Box-Behnken 试验设计，红三叶种子采用 Central Composite Design 试验设计，冰草种子、红三叶种子试验参数水平编码、试验设计方案及结果分别如表 5-13 至表 5-16 所示。仿真过程中其他非显著性参数均按照表 5-12 中仿真试验参数。

表 5-13　冰草种子参数水平编码

水平	冰草—冰草种子静摩擦系数	冰草—冰草种子滚动摩擦系数	冰草—冰草种子恢复系数
−1	0.54	0.66	0.49
0	0.58	0.72	0.53
1	0.62	0.78	0.57

采用 Design-Expert 软件对 RSM 响应曲面试验设计结果进行多元回归拟合，分别得到冰草种子仿真堆积试验休止角 θ_1 以及红三叶种子物理堆积试验休止角与仿真堆积试验休止角相对误差 Y_1 的二次回归方程，公式如下：

$$\theta_1 = 30.33 + 0.894C_z + 1.12D_z + 1.84E_z + 0.275C_zD_z - 0.348C_zE_z + \\ 0.995D_zE_z + 0.539C_z^2 - 0.744D_z^2 - 0.906E_z^2 \tag{5-9}$$

$$Y_1 = 1.77 - 1.05D_z + 1.03E_z - 0.86G_z + 0.7738D_zE_z + 0.4513D_zG_z + \\ 0.3088E_zG_z + 0.868D_z^2 + 0.7301E_z^2 + 0.7443G_z^2 \tag{5-10}$$

表 5-14　冰草种子 Box-Behnken 试验设计方案及结果

序号	冰草—冰草静摩擦系数	冰草—冰草滚动摩擦系数	冰草—冰草种子恢复系数	休止角 θ_1（°）
1	−1	0	−1	28.48
2	−1	0	1	29.98
3	1	0	−1	29.72
4	1	0	1	32.32

续表

序号	冰草—冰草静摩擦系数	冰草—冰草滚动摩擦系数	冰草—冰草种子恢复系数	休止角 θ_1（°）
5	0	−1	−1	27.02
6	0	−1	1	29.24
7	0	1	−1	31.38
8	0	1	1	32.21
9	−1	−1	0	26.49
10	1	−1	0	27.18
11	−1	1	0	28.19
12	1	1	0	32.86
13	0	0	0	29.94
14	0	0	0	30.57
15	0	0	0	30.12
16	0	0	0	30.71
17	0	0	0	30.31

表 5-15　红三叶种子参数水平编码

水平	红三叶—红三叶种子静摩擦系数	红三叶—红三叶种子滚动摩擦系数	红三叶—钢板静摩擦系数
−1.682	0.513	0.613	0.313
−1	0.54	0.64	0.34
0	0.58	0.68	0.38
1	0.62	0.72	0.42
1.682	0.647	0.747	0.447

表 5-16　红三叶种子 Central Composite Design 试验设计方案及结果

序号	种子—种子静摩擦系数	种子—种子滚动摩擦系数	种子—钢板静摩擦系数	相对误差 Y_1（%）
1	−1	−1	−1	6.04
2	1	−1	−1	1.75
3	−1	1	−1	6.47
4	1	1	−1	5.06
5	−1	−1	1	3.23
6	1	−1	1	0.53
7	−1	1	1	4.68
8	1	1	1	5.29
9	−1.682	0	0	6.15
10	1.682	0	0	2.27

序号	种子—种子静摩擦系数	种子—种子滚动摩擦系数	种子—钢板静摩擦系数	相对误差 Y_1（％）
11	0	−1.682	0	2.58
12	0	1.682	0	5.06
13	0	0	−1.682	5.69
14	0	0	1.682	2.03
15	0	0	0	1.49
16	0	0	0	1.38
17	0	0	0	1.05
18	0	0	0	2.24
19	0	0	0	1.42
20	0	0	0	2.15
21	0	0	0	2.38
22	0	0	0	2.42
23	0	0	0	1.45

　　冰草种子、红三叶种子的 RSM 响应曲面试验方差分析结果见表 5-17 和表 5-18。

表 5-17　冰草种子 Box-Behnken 试验回归模型方差分析

方差源	均方	自由度	平方和	P 值	显著性
模型	55.12	9	6.12	<0.000 1	**
C_s	6.39	1	6.39	0.000 2	**
D_s	9.99	1	9.99	<0.000 1	**
E_s	27.05	1	27.05	<0.000 1	**
$C_s D_s$	0.302 5	1	0.302 5	0.175 6	
$C_s E_s$	0.483 0	1	0.483 0	0.098 6	
$D_s E_s$	3.96	1	3.96	0.001 0	**
C_s^2	1.22	1	1.22	0.019 2	*
D_s^2	2.33	1	2.33	0.004 1	**
E_s^2	3.46	1	3.46	0.001 4	**
残差	0.932 8	7	0.133 3		
失拟项	0.534 2	3	0.178 1	0.288 8	
纯误差	0.398 6	4	0.099 6		
总和	56.06	16			

表 5-18　红三叶种子 Central Composite Design 试验回归模型方差分析

方差源	均方	自由度	平方和	P 值	显著性
模型	75.74	9	8.42	<0.0001	**
D_s	15.01	1	15.01	<0.0001	**
E_s	14.60	1	14.60	<0.0001	**
G_s	10.10	1	10.10	<0.0001	**
$D_s E_s$	4.79	1	4.79	0.0011	**
$D_s G_s$	1.63	1	1.63	0.0310	*
$E_s G_s$	0.762 6	1	0.762 6	0.1219	
D_s^2	11.97	1	11.97	<0.0001	**
E_s^2	8.47	1	8.47	<0.0001	**
G_s^2	8.80	1	8.80	<0.0001	**
残差	3.62	13	0.278 5		
失拟项	1.49	5	0.297 3	0.423 4	
纯误差	2.13	8	0.266 7		
总和	79.36	22			

综合表 5-17 和表 5-18 可知冰草种子休止角 θ_1、二次回归模型以及红三叶种子休止角相对误差 Y_1、二次回归模型的 P 值均小于 0.0001，说明回归模型极显著；可以准确、真实地体现真实情况，能够用于进一步物理堆积试验休止角的预测分析。同时，可以看出对于休止角 θ_1 影响极显著的因素有 C_s、D_s、E_s、$D_s E_s$、D_s^2、E_s^2；对红三叶休止角相对误差 Y_1 影响极显著的因素有 G_s、D_s、E_s、$D_s E_s$、D_s^2、E_s^2、G_s^2。

5.3.2.4　仿真参数标定与试验验证

通过 Plackett-Burman、最陡爬坡和 RSM 响应曲面试验设计，获得冰草种子休止角 θ_1 二次回归模型以及红三叶种子休止角相对误差 Y_1 二次回归模型后，采用 Design-Expert 11.0 软件中的 Optimization 优化模块对二次回归模型进行优化求解，标定和获得冰草种子、红三叶种子的最佳仿真参数组合。优化结果如表 5-19 所示。

为了验证冰草种子和红三叶种子优化与标定后离散元仿真参数的准确度、可信度以及最终能够用于冰草、红三叶种子丸粒化包衣仿真过程，利用标定出来的最佳离散元仿真参数组合作为 EDEM 仿真参数，进行 3 次仿真堆积模拟试验，分别得到冰草、红三叶种子仿真堆积试验休止角，试验结果如表 5-20 所示。

表 5-19　二次回归模型优化结果

仿真试验参数	冰草种子	仿真试验参数	红三叶种子
C_s	0.54	D_s	0.605
D_s	0.57	E_s	0.637
E_s	0.74	G_s	0.388

表 5-20　仿真堆积模拟试验休止角验证结果

序号	冰草种子仿真堆积验证试验休止角（°）	相对误差（%）	红三叶种子仿真堆积验证试验休止角（°）	相对误差（%）
1	31.81		23.98	
2	29.73	1.037	24.53	0.57
3	31.03		24.79	
平均值	30.86		24.43	

由表 5-20 可知，冰草种子和红三叶种子仿真堆积试验休止角平均值分别为 30.86°、24.43°，与物理堆积试验休止角平均值为 30.54°、24.57°，相对误差分别为 1.037% 和 0.57%，结果验证了仿真试验的准确度、可信度和真实性，物理堆积试验与仿真堆积试验对比如图 5-16 所示。

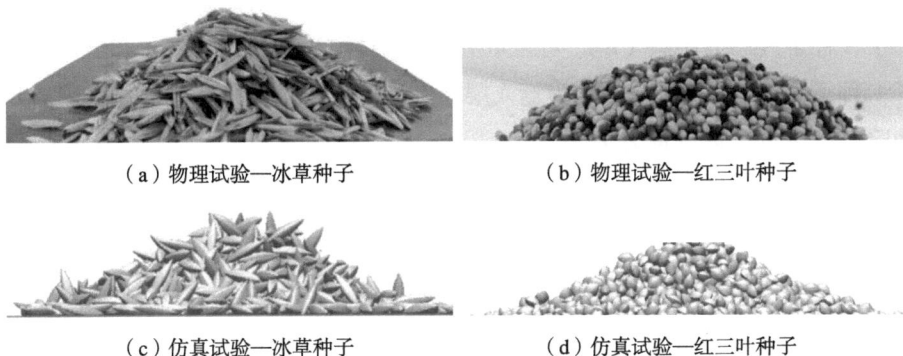

（a）物理试验—冰草种子　　　　　　（b）物理试验—红三叶种子

（c）仿真试验—冰草种子　　　　　　（d）仿真试验—红三叶种子

图 5-16　仿真堆积休止角试验对比

经过标定的冰草种子、红三叶种子离散元仿真参数数值见表 5-21。

表 5-21　离散元仿真参数

仿真试验参数	种子泊松比	种子剪切模量（MPa）	种子—种子恢复系数	种子—种子静摩擦系数	种子—种子滚动摩擦系数	种子—钢板恢复系数	种子—钢板静摩擦系数	种子—钢板滚动摩擦系数
冰草种子	0.4	12.5*	0.54	0.57	0.74	0.51	0.31	0.45
红三叶种子	0.3	12.5*	0.50	0.605	0.637	0.57	0.388	0.37

注：* 表示该参数仅在休止角仿真试验中可取。

5.3.3　基于机器学习算法进行回归拟合建模

响应曲面法试验是基于多元线性回归的基础上主动收集数据，以获得具有较好性质的回归方程。近年来随着机器学习的发展，与响应曲面法试验获得的回归模型相比，利用现代智能优化算法也可以进行很好地回归拟合和建模。采用与 RSM 相同的数据集，分别进行 BP、GA-BP、PSO 和 SA 回归拟合建模，将数据集（23 组）随机分为训练组（17 组，70%）、测试组（3 组，15%）和验证组（3 组，15%）。

5.3.3.1　智能优化回归模型

（1）BP。在训练过程中，输入层至隐含层的传递函数为 Sigmoid 函数，隐含层至输出层的传递函数为线性函数；训练算法采用非线性阻尼最小二乘法（LM）优化算法，并选择 mapminmax 函数对输入和输出数据进行归一化处理，以消除量纲的影响；规定训练的目标误差为 0.001，设定学习速率为 0.001，其中最大训练步数为 50。神经网络设置需要选择最优的拓扑结构。设定红三叶种子—种子静摩擦系数（E）、红三叶种子—钢板静摩擦系数（F）和红三叶种子—种子滚动摩擦系数（G）为输入层，红三叶种子休止角为输出层，隐含层的隐藏层节点个数设置为 7。

（2）GA-BP。GA-BP 算法充分利用了遗传算法在全局搜索方面的优势，以遗传算法为主体，针对 BP 神经网络的结构和参数进行优化。遗传算法通过选择、交叉、变异等操作，使每个个体（即一组 BP 网络参数）朝着适应度更高的方向进化。GA-BP 设置中种群大小为 100，迭代次数为 150，采用 normGeomSelect 函数，交叉系数为 0.8，变异系数为 0.2。

（3）PSO。PSO 通过维护一组候选解（称为粒子），在解空间中协同搜索，以找到全局最优解。在 PSO 中，每个粒子代表一组可能的解，都有一个确定的 Fitness 值。粒子依据自身所在位置的 Fitness 值，以及全体粒子 Fitness 值中最优的一个，调整自身的"飞翔"方向和速度，以接近全局最优解。PSO 算法中学习速率为 0.6，惯性因子为 0.1，初始化种群数为 50，加速因子 c1、c2 均为 2，迭代次数为 100。

（4）SA。SA 是一种概率性优化算法，可通过随机采样，并逐步减小概率接受劣解的策略，实现跳出局部最优，获得全局最优解。SA 算法中设置循环次数为 100，最大迭代次数为 100，上下限的边界为 [0.647，0.747，0.447] 与 [0.513，0.613，0.313]，Metropolis 链长 L 为 300。

5.3.3.2 数据分析与处理

算法运行平台为 Matlab 软件，通过决定系数 R^2、均方误差（MSE）和平均绝对偏差（MAE）评估机器学习模型的预测性能，R^2 越大，表明模型拟合度越高，MSE 和 MAE 越低，表明模型精度和稳定性越好。

（1）模型对比。通过 4 种算法进行数据的回归拟合建模，对比模型的 R^2、MSE 和 MAE，确定最适合红三叶种子标定过程中的回归模型。4 种算法多次重复训练后的模型对比结果见表 5-22。

表 5-22 模型对比

算法	R^2	MSE	MAE
BP	0.901 7	0.385 0	0.327 1
GA-BP	0.960 5	0.139 7	0.267 7
PSO	0.957 2	0.147 9	0.297 3
SA	0.99	0.197 5	0.470 4

由表可以看出，4 种模型 R^2 的对比结果为 SA>GA-BP>PSO>BP，SA 属于随机搜索算法，GA-BP 是遗传算法与 BP 神经网络的结合，PSO 是粒子群优化算法，BP 是传统的误差反向传播算法。从算法搜索策略上，SA 和 PSO 都有更强的全局搜索能力，GA-BP 结合了遗传算法的全局搜索与 BP 的局部搜索，而 BP 更依赖局部搜索，这可能是 SA 和 GA-BP 拟合效果优于 PSO 和 BP 的一个原因。但仅从模型 R^2 确定哪种算法绝对优劣非常困难，需要结合模型 MSE、MAE 去分析。4 种算法的模型 MSE 的对比结果为 GA-BP<PSO<SA<BP，MAE 的对比结果为 GA-BP<PSO<BP<SA，MSE 反映了模型的精度，MAE 反映了模

型的稳定性。GA-BP 在两项指标上都优于其他算法，说明它拟合的模型同时兼具精度和稳定性，GA-BP 结合了遗传算法和 BP 神经网络，使其既具有搜寻全局最优解的能力，又可进行细致的局部调优，这可能是它综合表现最好的原因；PSO 的 MSE 次于 GA-BP 但优于 SA 和 BP，说明其拟合精度较好，但 MAE 大于 GA-BP，稳定性略差于 GA-BP；PSO 依赖群体迭代搜索全局最优，但无法进行局部细致调整，这可能导致其模型精度不如 GA-BP，稳定性也略差；SA 的 MSE 优于 BP，但 MAE 最大，说明其模型精度较 BP 高，但稳定性较差，出现大误差的可能性最大，SA 和 BP 过于依赖局部搜索，容易陷入局部最优，所以它们的模型精度和稳定性都较差。综合来说，GA-BP 的综合表现最佳，既保证了精度，又保证了稳定性，选取 GA-BP 进行下一步研究。

（2）模型评价。针对选取的 GA-BP，如图 5-17 所示选取模型的 MSE 进行性能评价，可以看出训练过程中模型的 MSE 呈下降趋势，这表示随着训练的进行，模型拟合训练数据的效果在逐步改善；在训练至第 3 步时获得最佳性能，此时神经网络训练基本完成，表明 GA-BP 训练收敛速度较快且稳定，该模型可用于试验。

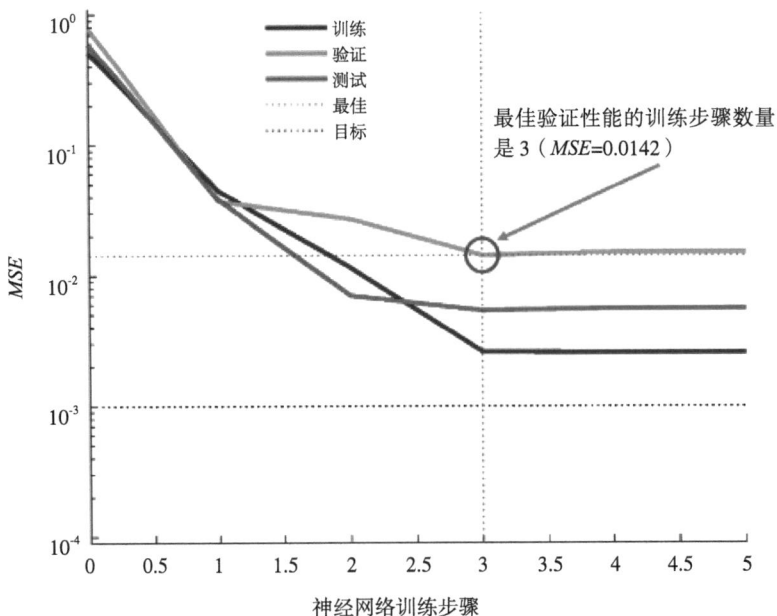

图 5-17　模型 MSE 性能评价

分析 GA-BP 在本研究中的训练、验证、测试性能如图 5-18 所示，可看出训练、验证、测试和所有数据的相关系数分别为 0.9852、0.9885、0.9961 和 0.9801，表明模型拟合效果强，有很好的泛化能力；数据的相关系数非常接近表明没有出现明显的过拟合或欠拟合。GA-BP 在本研究的表现非常出色，获得了一个高精度且泛化能力强的模型，该模型可用于后续试验研究。

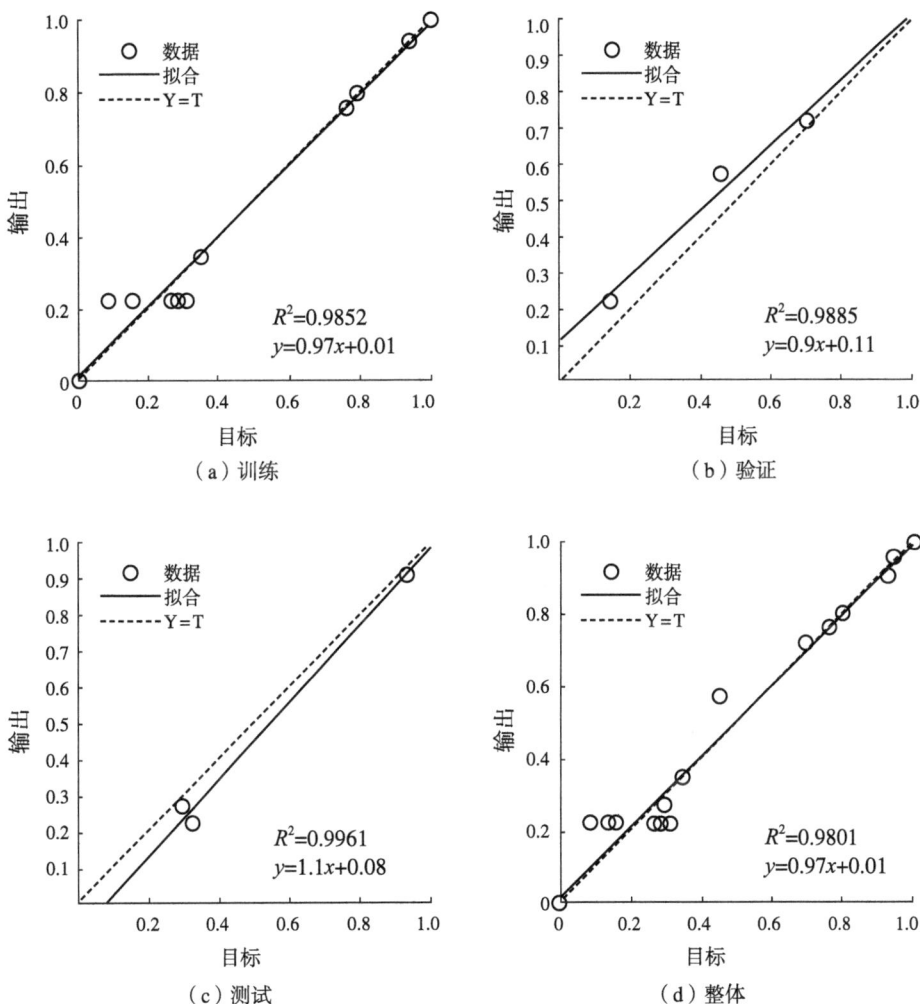

图 5-18　回归分析

（3）GA-BP 寻优试验。GA-BP 具有较好的拟合精度。利用 GA-BP 进行循环迭代，当进化迭代次数达到 150 时，停止选择并得出适应度最接近的个体，最终得到的结果为红三叶种子—种子静摩擦系数为 0.618、红三叶种子—钢板静摩擦系数为 0.395 和红三叶种子—种子滚动摩擦系数为 0.652。利用 GA-BP 优化的参数组合进行红三叶种子休止角仿真试验，得到休止角为 24.33°，与物理试验误差值为 0.98%。相较于 RSM 试验选取的参数组合试验结果误差值更小。

图 5-19 展示了 GA-BP 和 RSM 两种模型的实测值与预测值的对比情况，图中 GA-BP 模型的评价指标（R^2 为 0.9605，MSE 为 0.1397，MAE 为 0.2677）相较于 RSM（R^2 为 0.9544，MSE 为 0.1575，MAE 为 1.6678），在模型精度、稳定性和拟合度方面均表现良好，说明 GA-BP 算法对本研究取得了更佳的拟合效果，能构建出一个精度更高、误差更小的模型。该研究所建立的红三叶种子模型与参数可用于后续离散元仿真。

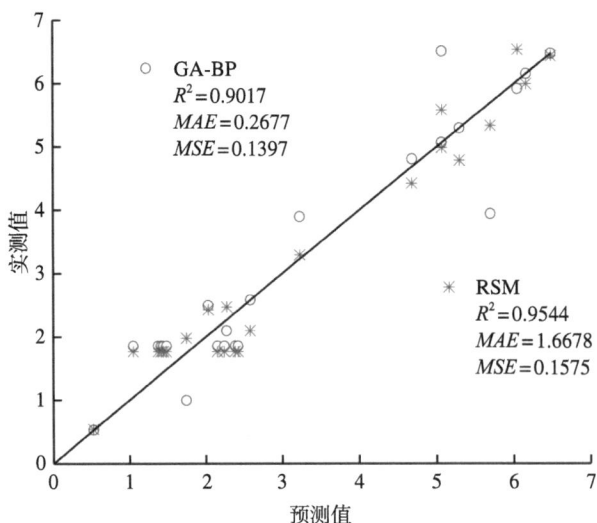

图 5-19　GA-BP 和 RSM 模型实测值与预测值

开展包衣粉料仿真分析前，需对其关键物性参数进行测定与标定，以保证仿真模拟的精度与可靠性，为后续丸粒化包衣过程的颗粒行为模拟分析奠定基础。

6.1　包衣粉料物性参数的测定

6.1.1　包衣粉料基本物性参数

以项目团队筛选出的丸粒化包衣粉料为研究对象（大豆粉与硅藻土），通过一系列物理试验得到包衣粉料粒径大小、密度、含水率结果如表 6-1 所示。

表 6-1　包衣粉料基本物性参数

物性参数	平均值
密度（kg/m³）	1833 ± 0.1
含水率（%）	1.54 ± 0.014
粒径大小（mm）	0.212

6.1.1.1　粒径大小

通过筛分法确定包衣粉料颗粒的粒径大小，最终使用 10 目的筛网得到包衣粉料粒径大小为 0.212mm。

6.1.1.2　密度

对于细小颗粒和粉末等包衣粉料的密度采用密度瓶法测量其密度。在已知质量的密度瓶中放入待测粉料（约 10g），称量之后再向密度瓶中装满温度为 t℃ 的液体，将粉料和液体中的气泡全部除去，那么在密度瓶中装入的液体体积就等于密度瓶容积与粉料所占容积之差。因此，粉料在温度为 t℃ 时的密度计算公式如下：

$$\rho_s = \frac{(m_s - m_0) \, \rho_1}{(m_1 - m_0) - (m_{s1} - m_s)} \qquad (6\text{-}1)$$

式中：ρ_s 为包衣粉料的密度（g/mL）；m_s 为密度瓶和包衣粉料的质量之和（g）；m_{s1} 为密度瓶、包衣粉料和液体三者的质量之和（g）；m_1 为密度瓶装满液体时的总质量（g）；m_0 为密度瓶质量（g）；ρ_1 为液体密度（g/mL）。

6.1.1.3　含水率

同种子含水率的测定。本研究依据国家标准《食品中水分的测定》（GB 5009.3—2010），同时参考大豆粉含水率的测定方法，通过上海一恒科学仪器有限公司的电热鼓风干燥箱利用烘干法测量包衣粉料的含水率。称取 10g 包衣粉料置于样品盒内，记录烘干前样品盒的重量，设定温度 110℃ 对烘干箱进行预热，保持烘干箱温度在 101~105℃，烘干 3h，记录烘干后样品盒重量，根据公式（6-2）计算得到包衣粉料含水率。

$$Q = \frac{m_1 - m_2}{m_1} \times 100\% \qquad (6\text{-}2)$$

式中：Q 为包衣粉料含水率（%）；m_1 为包衣粉料烘干前的重量（g）；m_2 为包衣粉料烘干后的重量（g）。

6.1.2　包衣粉料的剪切模量

粉料泊松比是仿真试验的重要参数之一，通过侧压力系数与内摩擦角可得到粉料泊松比。采用南京 ZJ 式直剪仪对粉料进行快剪试验，测定粉料在 5 种垂直压力（50Pa、100Pa、200Pa、300Pa、400Pa）下的剪切力，如图 6-1 所示。根据粉料剪切力与垂直压力的关系得到拟合方程进而获得粉料内摩擦角与黏结力，如图 6-2 所示，进而计算得到粉料泊松比为 0.296。由于粉料的特殊性，采用常规方法难以测得粉料弹性模量，通过文献获得粉料弹性模量。

$$K_0 = 1 - \sin\varphi \qquad (6\text{-}3)$$

$$\mu = \frac{K_0}{1 + K_0} \tag{6-4}$$

式中：K_0 为粉料侧压力系数；φ 为粉料内摩擦角；μ 为粉料泊松比。

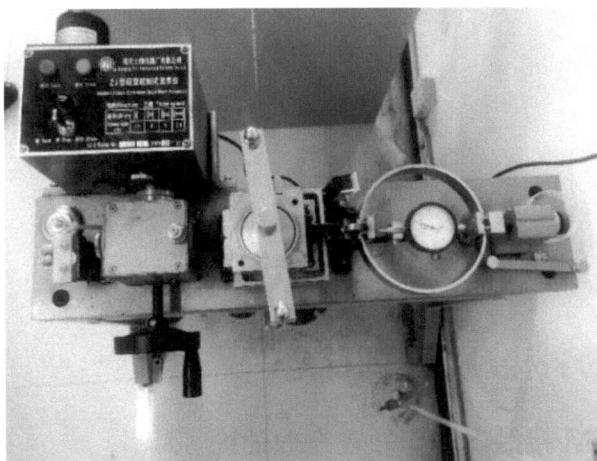

图 6-1　直剪仪

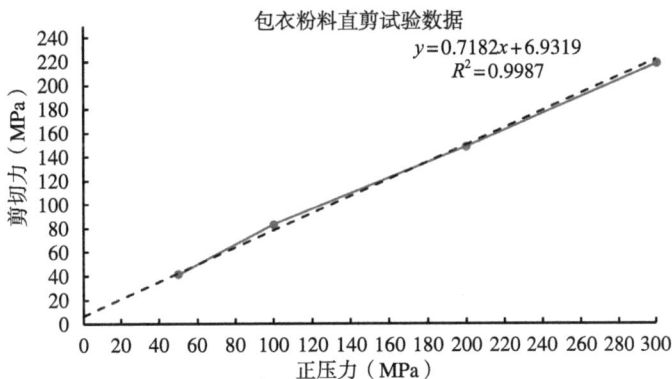

包衣粉料直剪试验数据

$y = 0.7182x + 6.9319$
$R^2 = 0.9987$

图 6-2　剪切力与垂直压力拟合

6.1.3　包衣粉料休止角测定

利用 FT-104B 型休止角测定仪进行粉料休止角试验，如图 6-3，采用注入法将粉料从漏斗上口倒入，防止包衣粉料出现黏结用玻璃棒轻轻搅拌使其均匀下落，待堆积角度不变时，测定粉料休止角，试验重复 10 次，取平均值得到粉料休止角为 41.69° ± 0.79°。

图 6-3 粉料休止角试验

6.2 包衣粉料接触参数的标定

6.2.1 EDEM 接触模型与颗粒缩放理论

种子丸粒化包衣过程中种子间、种子与包衣锅间会产生相互作用力，使用离散元法进行仿真试验时，考虑到粉料由于其特殊性会发生明显的团结和黏聚，在进行粉料仿真试验时选用 JKR 模型。JKR 模型引入了表面能对颗粒的影响，该模型采用 JKR 法向弹性接触力 FJKR 来计算，公式如下：

$$F_{JKR} = -4\sqrt{\pi \gamma E^*} \, \alpha^{\frac{3}{2}} + \frac{4E^*}{3R^*} \, \alpha^3 \tag{6-5}$$

$$\delta = \frac{\alpha^2}{R^*} - \sqrt{\frac{4\pi\gamma\alpha}{E^*}} \tag{6-6}$$

式中：F_{JKR} 为 JKR 法向接触力（N）；δ 为接触颗粒之间法向重叠量（m）；α 为两接触颗粒之间切向重叠量（m）；γ 为表面能（N/m）；E^* 为等效弹性模量（Pa）；R^* 为等效接触半径（m）。

等效弹性模量 E^* 与等效接触半径 R^* 计算公式如下：

$$\frac{1}{E^*} = \frac{1-v^2}{E_1} + \frac{1-v^2}{E_2} \tag{6-7}$$

$$\frac{1}{R^*} = \frac{1}{R_1} + \frac{1}{R_2} \tag{6-8}$$

式中：E_1、E_2 分别为两接触颗粒的弹性模量（Pa）；v_1、v_2 分别为两接触颗粒的泊松比；R_1、R_2 分别为两接触颗粒的接触半径（m）。

参数标定要使用大量的模拟，在批量测试中使用实际数量与大小的颗粒进行仿真要花费大量时间。在现实时间框架内难以进行大量的仿真模拟试验，建立颗粒缩放倍数与仿真时间之间的平衡方程后，可以实现在短时间内使用大颗粒模型来开展物料的仿真模拟试验。范德华力是细颗粒黏附的主要原因，一般采用理论黏着弹性模型来表示范德华力。Subhash 等（2016）给出了硬质单分散球体系拉伸强度与颗粒间接触力的关系，计算公式如下：

$$f = \frac{4\pi R^2}{\varphi k_1} \sigma \tag{6-9}$$

式中：f 为颗粒间接触力（N）；φ 填充率（%）；k_1 为配位数；σ 为拉伸强度（MPa）。

公式表明颗粒半径二次方对颗粒间接触力存在正比例影响，即颗粒间的 JKR 表面能随颗粒半径的变化而改变，参考李永祥（2019）研究 JKR 表面能取值范围为 0.1~0.3，其具体值将在后续虚拟试验中进行标定。保持密度不变对颗粒进行缩放，其弹性模量随半径的变化而改变，依据参数可选择范围，取其较大值。为了提高仿真准确度与工作效率，将颗粒放大 6 倍进行模拟试验。

6.2.2　离散元仿真参数标定过程

6.2.2.1　仿真模型的建立

依据物理试验结果与颗粒放大理论，在 EDEM 软件里利用单球模型建立包衣粉料仿真模型，使用三维绘图软件进行休止角仪器的绘制并保存为 stl 格式导入 EDEM 软件进行仿真试验，如图 6-4 所示。在漏斗上口处建立虚拟平面生成粉料颗粒，颗粒生成方式设置为 Dynamic，共生成 5g，颗粒均采用固定尺寸进行仿真。仿真总时间为 2s，Rayleigh Time Step 为 3.45×10^{-6}s，网格大小为最小颗粒半径的 3 倍，接触模型选取 Hertz-Mindlin with JKR 模型。

6.2.2.2　Plackett–Burman 试验

由于物理试验难以测得包衣粉料之间的接触参数，本研究基于颗粒放大理论，结合国内外研究得到粉料与钢板之间的碰撞恢复系数与摩擦系数（张西良，2008；Kumar，2016），结合 EDEM 内置数据库得到粉料 JKR 表面能，粉料仿真所需物性参数设为：密度 1833kg/m³，泊松比 0.296，剪切模量 3.0×10^{-7}，其余仿真参数范围见表 6-2。以包衣粉料休止角为响应值，利用

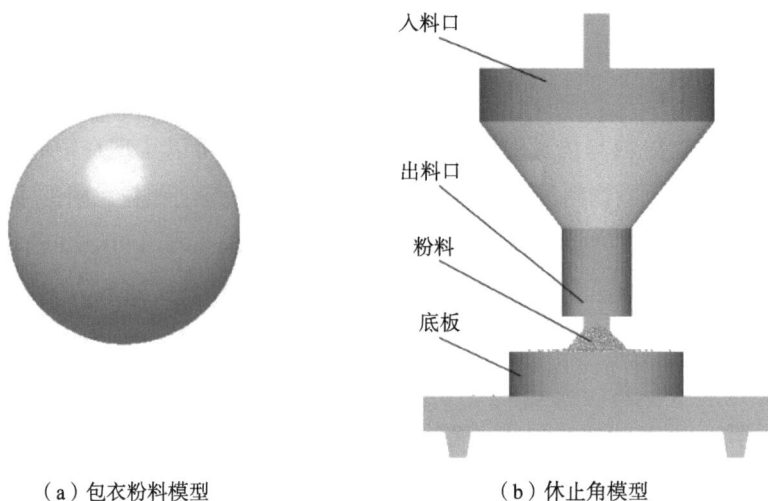

（a）包衣粉料模型　　　　　　　　　（b）休止角模型

图 6-4　包衣粉料休止角试验仿真模型

Design-Expert 软件进行 Plackett-Burman 试验，筛选出对响应值存在显著影响的参数。通过图像对仿真结果进行处理，得到仿真试验包衣粉料的休止角，Plackett-Burman 试验结果见表 6-3。试验参数显著性分析见表 6-4。

表 6-2　Plackett-Burman 试验参数范围

仿真参数	低水平（−1）	高水平（+1）
包衣粉料—包衣粉料碰撞恢复系数 A_s	0.05	0.25
包衣粉料—包衣粉料静摩擦系数 B_s	0.7	0.9
包衣粉料—包衣粉料滚动摩擦系数 C_s	0.25	0.45
包衣粉料—钢板碰撞恢复系数 D_s	0.05	0.25
包衣粉料—板静摩擦系数 E_s	0.62	0.82
包衣粉料—钢板滚动摩擦系数 F_s	0.19	0.39
JKR 表面能 G_s	0.1	0.3

表 6-3　Plackett-Burman 试验方案及结果

序号	A_s	B_s	C_s	D_s	E_s	F_s	G_s	休止角（°）
1	1	1	−1	1	1	1	−1	30.86
2	−1	1	1	−1	1	1	1	48.00
3	1	−1	1	1	−1	1	1	49.16
4	−1	1	−1	1	1	−1	1	39.11

续表

序号	A_s	B_s	C_s	D_s	E_s	F_s	G_s	休止角（°）
5	−1	−1	1	−1	1	1	−1	42.73
6	−1	−1	−1	1	−1	1	1	41.45
7	1	−1	−1	−1	1	−1	1	44.82
8	1	1	−1	−1	−1	1	−1	33.91
9	1	1	1	−1	1	−1	1	44.41
10	−1	1	1	1	−1	−1	−1	38.53
11	1	−1	1	1	1	−1	−1	43.24
12	−1	−1	−1	−1	−1	−1	−1	32.78
13	0	0	0	0	0	0	0	43.74

表6-4　Plackett-Burman 试验参数显著性分析

参数	自由度	平方和	F 值	P 值
模型	7	363.98	13.32	0.0124
A_s	1	1.20	0.31	0.6084
B_s	1	31.23	8.00	0.0474*
C_s	1	155.09	39.72	0.0032**
D_s	1	1.54	0.39	0.5640
E_s	1	6.05	1.55	0.2812
F_s	1	0.86	0.22	0.6626
G_s	1	168.00	43.03	0.0028**

由图6-5可以得到各参数对于休止角的影响以及贡献率，其中 A_s、C_s、E_s、F_s、G_s 对粉料休止角有正效应，即休止角会随着该参数的增大而增大，B_s、D_s 对粉料休止角有负效应，即休止角会随着该参数的增大而减小。分析各参数对粉料休止角的贡献率，得到贡献率前3的参数为 G_s、C_s、B_s，结合表6-4中试验参数的显著性分析得到 G_s 对休止角影响极显著，C_s 与 B_s 对休止角影响显著（$P<0.05$），表明回归模型显著，进而筛选出对休止角影响显著的3个参数分别为 G_s、C_s 及 B_s。

6.2.2.3　最陡爬坡试验

依照参数影响效应，将显著性参数按照一定步长增大或减小，其余影响较小的参数取文献参考值：粉料—粉料碰撞恢复系数取 0.15、粉料—钢板碰撞恢复系数取 0.15、粉料—钢板静摩擦系数取 0.72、粉料—钢板滚动摩擦系数取 0.29，开展最陡爬坡试验，试验设计及结果如表 6-5 所示。

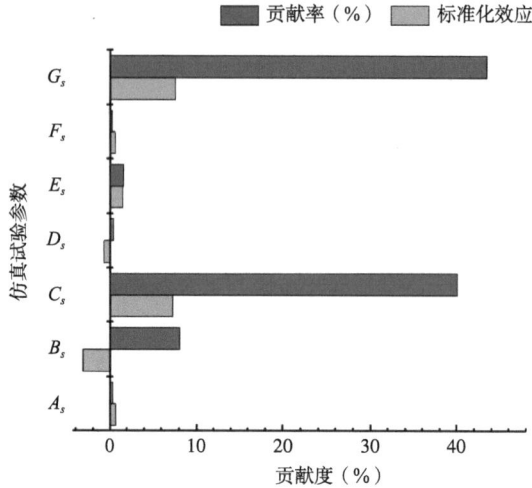

图 6-5　Plackett-Burman 试验参数贡献度分析

表 6-5　最陡爬坡试验设计方案及结果

序号	粉料—粉料静摩擦系数 B_s	粉料—粉料滚动摩擦系数 C_s	JKR 表面能 G_s	相对误差（%）
1	0.9	0.25	0.1	22.91
2	0.86	0.29	0.14	0.50
3	0.82	0.33	0.18	2.64
4	0.78	0.37	0.22	4.41
5	0.74	0.41	0.26	6.86
6	0.7	0.45	0.30	31.66

根据表 6-5 可知，休止角相对误差先减小后增大，在 2 号水平下相对误差最小，则后续试验以 2 号水平作为中心点，以 1 号、3 号分别作为低、高水平开展试验。

6.2.2.4　Box-Behnken 试验

依据最陡爬坡试验结果，开展 Box-Behnken 试验。试验参数水平见表 6-6，试验设计方案及结果见表 6-7，非显著性参数取值均同最陡爬坡试验。

表 6-6　参数水平编码

水平	粉料—粉料静摩擦系数 B_s	粉料—粉料滚动摩擦系数 C_s	JKR 表面能 G_s
−1	0.9	0.25	0.1
0	0.86	0.29	0.14
+1	0.82	0.33	0.18

表 6-7　Box-Behnken 试验方案及结果

序号	粉料—粉料静摩擦系数 B_s	粉料—粉料滚动摩擦系数 C_s	JKR 表面能 G_s	休止角（°）
1	−1	−1	0	36.41
2	1	−1	0	36.96
3	−1	1	0	42.25
4	1	1	0	42.33
5	−1	0	−1	32.76
6	1	0	−1	37.86
7	−1	0	1	38.91
8	1	0	1	38.43
9	0	−1	−1	30.62
10	0	1	−1	38.69
11	0	−1	1	37.21
12	0	1	1	39.96
13	0	0	0	40.55
14	0	0	0	41.17
15	0	0	0	41.53
16	0	0	0	41.31
17	0	0	0	41.7

利用 Design-Expert 11.0 软件对试验数据进行回归拟合，得到休止角回归方程：

$$\theta = 41.25 + 0.6563\,B_s + 2.75\,C_s + 1.82\,G_s$$
$$- 0.1175\,B_s C_s - 1.40\,B_s G_s - 1.33\,C_s G_s \qquad (6\text{-}10)$$
$$- 0.6973 B_s^2 - 1.07 C_s^2 - 3.56 G_s^2$$

Box-Behnken 试验方差分析结果如表 6-8 所示，其中模型的显著性系数 $P<0.001$，决定系数 $R^2=0.9829$，校定决定系数 $R^2_{\text{Adjusted}}=0.9609$，均接近 1 且变异系数 $CV=1.68\%$，表明该回归模型极其显著；参数 C_s、G_s、$B_s G_s$、$C_s G_s$、G_s^2 对粉料休止角影响极其显著，B_s、C_s^2 对粉料休止角影响显著，其余参数对粉料休止角影响不显著。

表 6-8　Box-Behnken 试验回归模型方差分析

方差源	均方	自由度	平方和	P 值
模型	18.85	9	169.61	<0.0001**
B_s	3.45	1	3.45	0.0244*
C_s	60.67	1	60.67	<0.0001**
G_s	26.57	1	26.57	<0.0001**
$B_s C_s$	0.0552	1	0.0552	0.7281
$B_s G_s$	7.78	1	7.78	0.0036**
$C_s G_s$	7.08	1	7.08	0.0046**
B_s^2	2.05	1	2.05	0.0634
C_s^2	4.80	1	4.80	0.0119*
G_s^2	53.51	1	53.51	<0.0001**
残差	0.4218	7	2.95	
失拟项	0.7238	3	2.17	0.1190
纯误差	0.1952	4	0.7809	
总和		16	172.56	

6.2.2.5　仿真参数标定与试验验证

利用 Design-Expert 11.0 软件，以休止角为目标值，对二阶回归方程进行求解得到：粉料—粉料静摩擦系数为 0.887，粉料—粉料滚动摩擦系数为 0.319，JKR 表面能为 0.162，其他非显著性参数取值同最陡爬坡试验。

使用上述参数组合进行 3 次休止角仿真试验，得到粉料休止角分别为 41.41°、40.62°、41.8°，平均值为 41.27°，与物理试验值（41.69°）相对误差为 1.007%，进行 t 检验，得到 $P=0.942>0.05$，验证了仿真试验的可靠性，试验对比如图 6-6 所示。

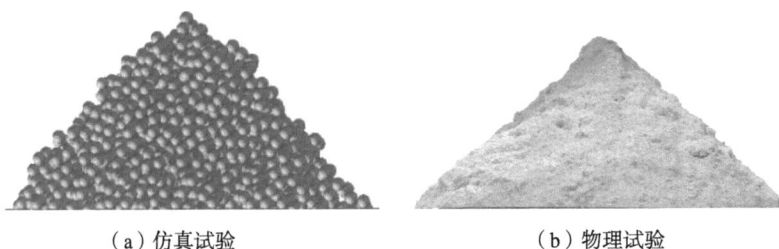

（a）仿真试验　　　　　　　　　　　（b）物理试验

图 6-6　粉料休止角试验对比

6.3　粉料与牧草种子间的接触参数标定

6.3.1　碰撞弹跳试验

紫花苜蓿种子与粉料间的碰撞恢复系数采用碰撞弹跳试验来标定，如图 6-7 所示。考虑到空气阻力对于紫花苜蓿种子下落过程的影响，试验时将紫花苜蓿种子从高度为 150mm 处自由下落至铺满粉料的板子上，通过高速摄像机记录紫花苜蓿种子回弹过程，多次重复试验得到紫花苜蓿种子最高弹起高度为 8.01mm。由于紫花苜蓿种子与粉料间的静摩擦系数 a_2 与滚动摩擦系数 a_3 以及粉料间的碰撞恢复系数 a_4、静摩擦系数 a_5 与滚动摩擦系数 a_6 对紫花苜蓿种子回弹高度没有影响，故将其皆设置为 0。经过多次预仿真试验后，取紫花苜蓿种子与粉料间的碰撞恢复系数范围 a_1 为 0.1~0.3，取步长为 0.05，进行 6 组试验，多次试验后取平均值，得到紫花苜蓿种子回弹高度 b_1，试验设计及结果见表 6-9。

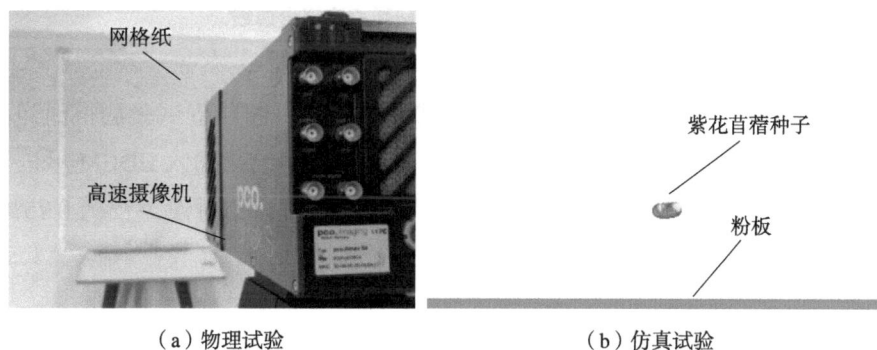

（a）物理试验	（b）仿真试验

图 6-7　碰撞恢复系数试验

表 6-9　碰撞恢复系数试验设计及结果

序号	a_1	b_1（mm）
1	0.1	2.499
2	0.15	4.615
3	0.2	6.09
4	0.25	8.502
5	0.3	9.809
6	0.35	13.39

对表中数据进行曲线拟合，得到紫花苜蓿种子与粉料间碰撞恢复系数与回弹高度的关系，图 6-8 为拟合曲线，拟合方程如下：

$$b_1=20.01479a_1+47.52143a_1^2+0.22856 \qquad (6-11)$$

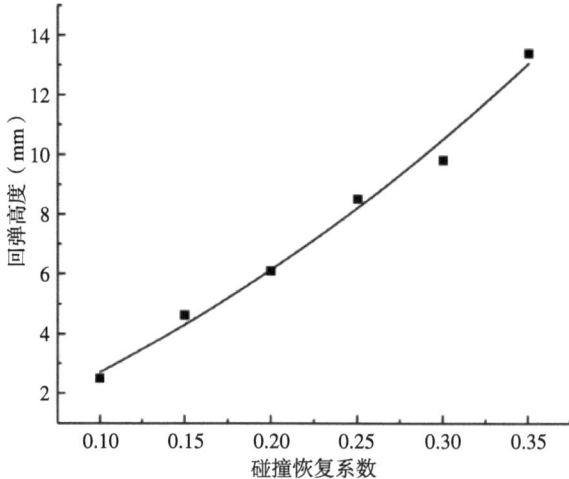

图 6-8　碰撞恢复系数与回弹高度拟合曲线

拟合方程的决定系数 R^2=0.98904，拟合度较好，将物理试验测得回弹高度 8.01mm 代入方程，求解得到 a_1 为 0.246，将求解结果输入 EDEM 里进行仿真试验，重复 3 次取平均值得到回弹高度为 8.07，相对误差仅为 0.75%，仿真试验与物理试验结果基本一致。

6.3.2　斜面滑移试验

采用斜面法测定紫花苜蓿种子与粉料间的静摩擦系数，试验如图 6-9 所示。将紫花苜蓿种子置于粉板上，慢慢抬高斜面，当紫花苜蓿种子出现滑动趋势时，记录此时斜面仪转动角度，多次重复试验得到斜面仪转动角度为 31.85°。进行斜面滑移仿真试验时，将已标定的紫花苜蓿种子与粉料间的碰撞恢复系数 a_1 设置为 0.246，a_3、a_4、a_5、a_6 均设置为 0。经过多次预仿真试验后，得到紫花苜蓿种子与粉料的静摩擦系数范围 a_2 为 0.6~0.85，步长设置为 0.02，进行 6 组试验，多次试验取平均值得到斜面仪转动角度 b_2，试验设计及结果见表 6-10。

（a）物理试验　　　　　　　　（b）仿真试验

图 6-9　斜面滑移试验

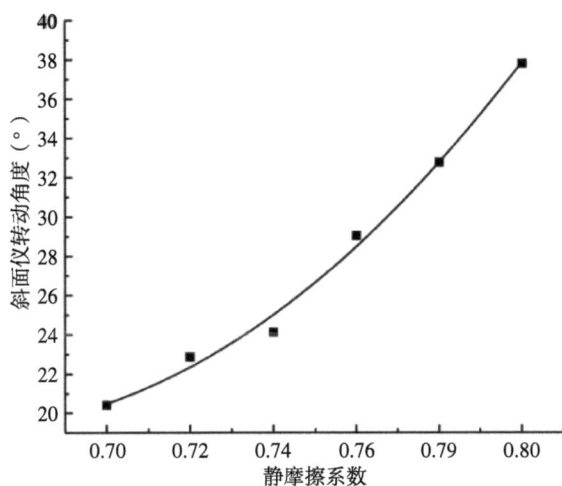

图 6-10　静摩擦系数与斜面仪转动角度拟合曲线

表 6-10　斜面滑移试验设计及结果

序号	a_2	b_2（mm）
1	0.7	20.4
2	0.72	22.86
3	0.74	24.12
4	0.76	29.04
5	0.78	32.76
6	0.8	37.8

对表 6-10 中数据进行曲线拟合，得到紫花苜蓿种子与粉料间静摩擦系数与斜面仪转动角度的关系，拟合曲线如图 6-10 所示。拟合方程如下：

$$b_2 = -1349.025a_2 + 1015.17857a_2^2 + 467.37643 \qquad (6\text{-}12)$$

拟合方程的决定系数 R^2=0.9937，拟合度较好，将物理试验测得斜面仪转动角度 31.85° 代入方程，求解得到 a_2 为 0.776，将求解结果输入 EDEM 里进行仿真试验，重复 3 次取平均值得到斜面仪转动角度为 32.06°，与物理试验相对误差为 0.66%，说明仿真试验结果与物理试验结果基本一致。

6.3.3 斜面滚动试验

通过斜面滚动试验测定紫花苜蓿种子与粉料之间的滚动摩擦系数，如图 6-11 所示。将紫花苜蓿种子置于铺满粉料的斜面上，将斜面仪倾角调整为 40°，保证紫花苜蓿种子可顺利滚落，放置紫花苜蓿种子，紫花苜蓿种子以初速度为 0 向下滚动，待其停止，测量其水平滚动距离。多次试验取平均值，得到紫花苜蓿种子水平滚动距离 a_3 为 69.2mm。

进行斜面滚动仿真试验时，将紫花苜蓿种子与粉料的碰撞恢复系数设置为 0.246，静摩擦系数设置为 0.776，a_4、a_5、a_6 均设置为 0。多次预仿真试验后，得到紫花苜蓿种子与粉料滚动摩擦系数 a_3 范围为 0.2~0.3，取步长 0.02，进行 6 组仿真试验，b_3 为紫花苜蓿种子水平滚动距离，试验设计及结果如表 6-11 所示。

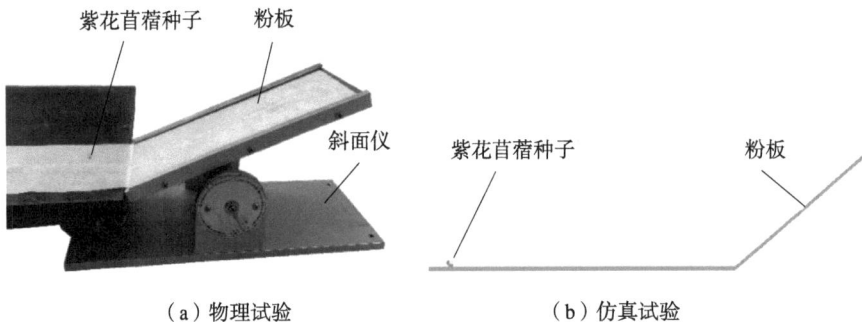

（a）物理试验　　　　　　　　　　　（b）仿真试验

图 6-11　斜面滚动试验

表 6-11　斜面滚动试验设计及结果

序号	a_3	b_3（mm）
1	0.2	114.6
2	0.22	93.12

续表

序号	a_3	b_3（mm）
3	0.24	81.51
4	0.26	63.08
5	0.28	56
6	0.3	39.88

对表 6-11 中数据进行曲线拟合，得到紫花苜蓿种子与粉料间滚动摩擦系数与水平滚动距离的关系，拟合曲线如图 6-12 所示。拟合方程如下：

$$b_3 = -1721.80714\,a_3 + 2005.35714\,a_3^2 + 377.47571 \qquad （6-13）$$

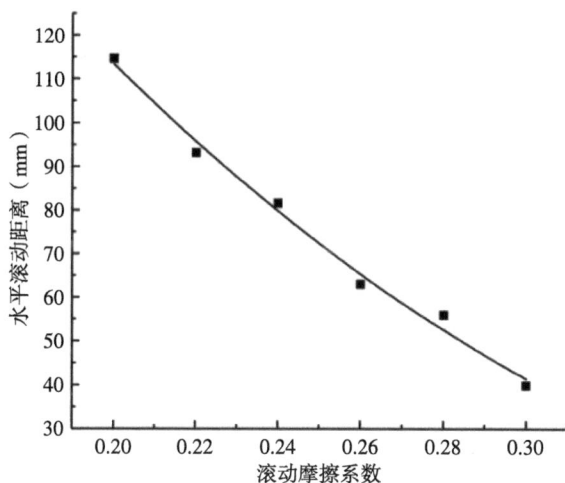

图 6-12　滚动摩擦系数与水平滚动距离拟合曲线

拟合方程的决定系数 R^2=0.99102，拟合度较好，将水平滚动距离 b_3=69.2 代入方程，求解得到 a_3 为 0.255，将求解结果输入 EDEM 里进行仿真试验，重复 3 次取平均值得到紫花苜蓿种子水平滚动距离为 68.74mm，与物理试验相对误差为 0.66%，说明仿真试验结果与物理试验结果基本一致。

通过物理试验测得包衣粉料基本物性参数与接触参数，在此基础上进行休止角仿真试验，依次开展 Plackett-Burman 试验、最陡爬坡试验、二次回归正交试验，建立休止角二阶回归方程，得到最佳仿真参数组合为粉料—粉料静摩擦系数为 0.887，粉料—粉料滚动摩擦系数为 0.319，以及 JKR 表面能为

0.162。将物理试验与仿真试验相结合，标定紫花苜蓿种子与粉料的接触参数以及粉料间接触参数。紫花苜蓿种子与粉料间的碰撞恢复系数通过碰撞弹跳试验得到为 0.246；紫花苜蓿种子与粉料间的静摩擦系数通过斜面滑移试验得到为 0.776；紫花苜蓿种子与粉料间的滚动摩擦系数通过斜面滚动试验得到为 0.255。粉料与紫花苜蓿种子仿真参数见表 6-12。

表 6-12　离散元仿真参数表

仿真试验参数	粉料
粉料泊松比	0.4
粉料剪切模量（MPa）	3×10^7
粉料—粉料恢复系数	0.15
粉料—粉料静摩擦系数	0.887
粉料—粉料滚动摩擦系数	0.139
粉料—种子恢复系数	0.246
粉料—种子静摩擦系数	0.776
粉料—种子滚动摩擦系数	0.255
JKR 表面能	0.162

采用上述方法可以完成粉料与冰草种子及红三叶种子离散元仿真参数，在此不再赘述。

为全面验证所设计工艺的适用性和成效，有必要通过仿真模拟与试验检测对丸粒化包衣过程进行综合评估。围绕种子包衣性能的核心评价指标，结合图像识别与物理测试手段，对不同参数条件下的包衣效果展开试验研究，并利用仿真分析平台模拟实际作业过程，揭示关键工况对包衣质量的影响规律。

7.1　丸粒化包衣性能评价指标

7.1.1　单籽丸粒化合格率

为了检验牧草种子丸粒化包衣机工作性能，参照烟草行业标准《烟草包衣丸粒化种子》（YC/T 141—1998）、行业标准《种子包衣机试验方法》（JB/T 7730—2011）中关于种子丸粒化质量技术指标，采用单籽丸粒化合格率 J 和单籽抗压强度 P 作为牧草种子丸粒化包衣作业质量的考核指标，单籽丸粒化合格率计算公式如下：

$$J = \frac{Z_h}{Z_b + Z_h} \times 100\% \tag{7-1}$$

式中：J 为单籽丸粒化合格率（%）；Z_h 为牧草种子完全被粉料包敷且只有一粒草种的粒数（粒）；Z_b 为草种未完全包敷与草种数目大于 1 粒的粒数之和（粒）。

目前，我国种子包衣技术实际包衣成功率和人工分选效率较低，破损率和错分率较高。因此，设计了一套丸粒化包衣种子识别检测系统，该系统的工作流程典型的分为 3 个阶段。首先，通过搭建机器视觉拍摄平台，保证光源等拍摄条件一致，利用摄像头与上位机实时通信，传输图像至 Vision Assistant 2018 进行图像处理。其次，根据不同类型包衣种子图像面积比例的差异，利用高级形态学处理实现破损包衣种子的去除。最后，采用 LabVIEW2018 作为上位机，根据图像处理后像素总数的不同，利用检测算法对种子总数、合格数、多籽数进行识别。

拍摄包衣种子过程中，不同光线条件以及拍摄角度对识别效果影响巨大。为提高识别算法的准确率，搭建机器视觉拍摄平台。机器视觉拍摄平台由摄像头、底盘、光源灯、支架以及图像处理系统组成。拍摄分辨率为 1920×1080。机器视觉拍摄平台如图 7-1 所示。机器视觉拍摄平台硬件配置见表 7-1。

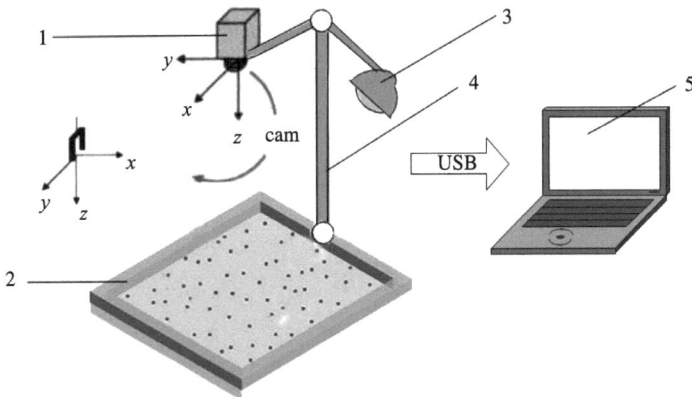

图 7-1　机器视觉拍摄平台

表 7-1　机器视觉拍摄平台硬件配置

硬件	配置
USB 摄像头	雅兰仕 D8 1080P
笔记本	华硕 ASUS
系统	Windows 7
处理器	Intel（R）core（TM）i7-4720HQ CPU
安装内存（RAM）	12.0GB

图像预处理效果直接影响了后续包衣种子的识别误差。为了方便特征提取，提高识别的准确性，在提取特征之前，对拍摄的图像进行 ROI 提取、颜色平面提取、滤波、阈值分割、形态学分析，最终消除种子之间的接触面积，使每一粒包衣种子成为一个独立的个体，方便进行识别。此外，针对包衣后

的种子有多种类型，在原有图像处理的基础上，运用高级形态学分析去除原图像中破损包衣种子，减少后续识别干扰，增加识别算法的准确率。图像处理流程图如图 7-2 所示。

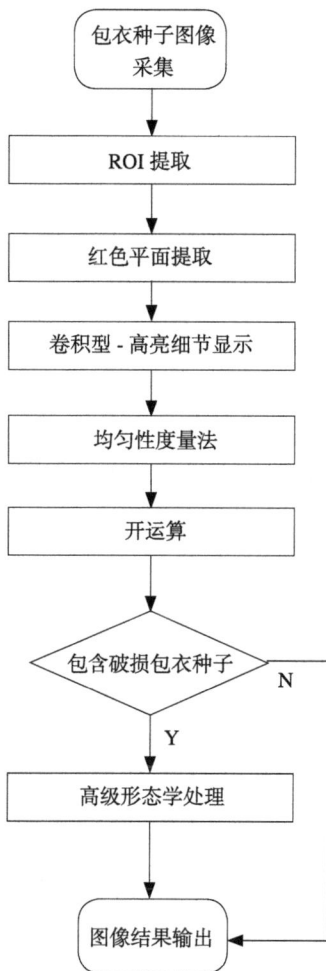

```
┌─────────────┐
│ 包衣种子图像 │
│    采集     │
└─────────────┘
       │
┌─────────────┐
│   ROI 提取   │
└─────────────┘
       │
┌─────────────┐
│  红色平面提取 │
└─────────────┘
       │
┌─────────────┐
│ 卷积型 - 高亮细节显示 │
└─────────────┘
       │
┌─────────────┐
│  均匀性度量法 │
└─────────────┘
       │
┌─────────────┐
│    开运算    │
└─────────────┘
       │
    ◇─────────◇
   ╱ 包含破损包衣种子 ╲──── N
    ◇─────────◇
       │ Y
┌─────────────┐
│  高级形态学处理 │
└─────────────┘
       │
┌─────────────┐
│  图像结果输出 │◀────
└─────────────┘
```

图 7-2　图像处理流程

以识别红三叶种子为例说明本检测系统的工作过程。包衣后的种子分为 3 种类型，合格包衣种子、多籽包衣种子以及破损包衣种子。经预试验发现，合格的包衣红三叶种子形状为类球体，其球体直径稳定在 3~5mm，包括直径为 3~5mm 的包衣种子。多籽的包衣红三叶种子形状为椭球体，其特点是椭圆面长轴超过 5mm，以包衣种子最大直径 5mm 为区别多籽与合格种子的阈值。经放大镜目测观察包衣种子，发现部分包衣种子存在表面膜衣覆盖不足，种子局部区域裸露在外的问题，该情况定义为破损包衣种子。包衣红三叶种子样品如图 7-3 所示。

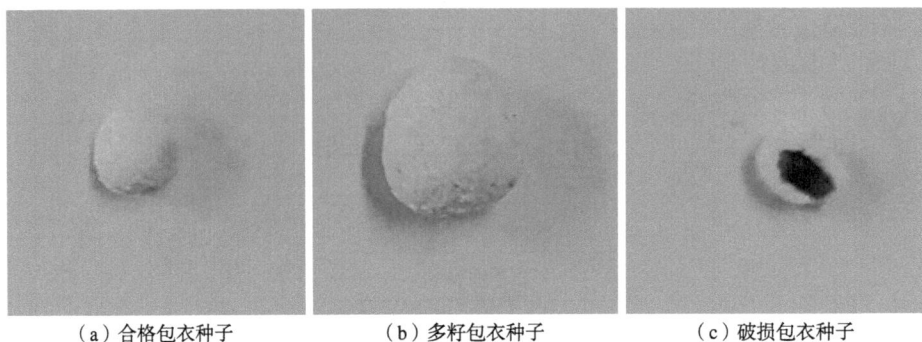

（a）合格包衣种子   （b）多籽包衣种子   （c）破损包衣种子

图 7-3　包衣红三叶种子样品

包衣结束后，随机选择 100 颗包衣红三叶种子作为样品，随机摆放至拍摄底盘，图像处理样图如图 7-4 所示。图像处理软件选用 NI 公司开发的 Vision Assistant 2018，其包含一套完整的图像处理函数功能库，功能丰富且强大，能高效快速地进行图像处理。

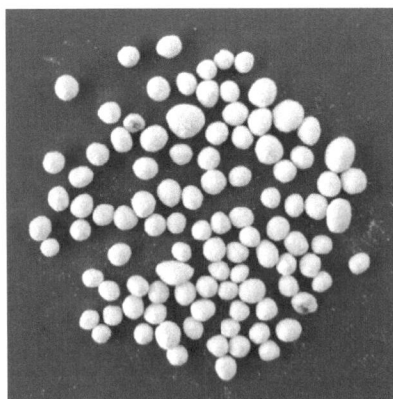

图 7-4　图像处理样品

包衣种子成品为乳白色，考虑到底盘背景为鲜绿色，为了更好地进行分割，突出种子轮廓，对原始图像进行颜色平面提取，经预试验发现提取红色平面可有效去除背景干扰，突出种子轮廓。灰度化处理效果如图 7-5（a）所示。

图像滤波可以改善图像质量、增强识别效果、丰富细节信息量。经过观察，种子摆放密度不均，部分区域接触过于密集，3 种类型种子随机摆放，增加了处理难度，故选用卷积型—高亮细节显示。滤波处理效果如图 7-5（b）所示。

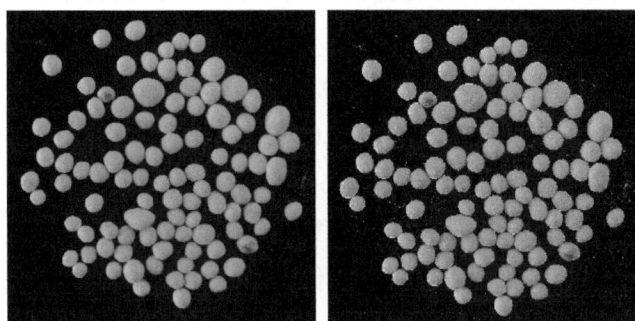

（a）灰度化处理　　　　　　　　（b）滤波处理

图 7-5　种子图像预处理

自动阈值分割方法基于图像的灰度直方图来确定灰度阈值，适用性强，选用均匀性度量法进行分割。阈值处理效果如图 7-6（a）所示。经阈值化处理后的二值图像先腐蚀再膨胀，进行开运算，以此来去除图像中不必要的信息，如噪声、相互重叠的区域、种子连接区域等。开运算可以对图像进行局部修饰，经形态学处理后的包衣种子消除了接触面积，分割成独立的颗粒，提高了后续算法的准确性。形态学处理效果如图 7-6（b）所示。

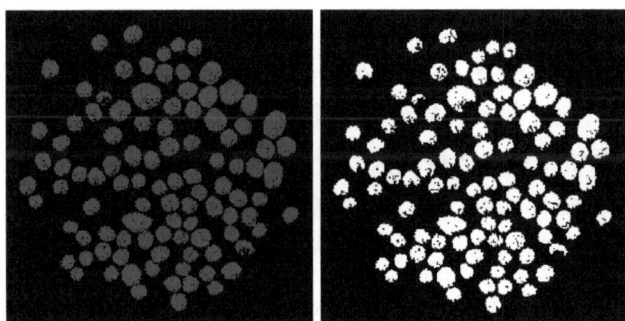

（a）阈值分割　　　　　　　　（b）开运算

图 7-6　种子图像处理结果

图像处理算法针对包衣种子表面的膜衣进行处理，经处理后呈现一组白色像素，由于破损的包衣种子表面粉料较少，种子局部裸露在外，经算法处理后的白色像素面积远小于其他类型种子。通过机器视觉拍摄平台拍摄的图像宽度像素值与高度像素值固定，图像总面积为固定值，图像处理后的单个颗粒面积占图像总面积的百分比标记。为了得到破损包衣种子颗粒的面积百分比阈值，选取一颗直径为 3mm、形状规则类似于球体的合格包衣种子进行单独处理，得到其颗粒面积百分比为 0.03422%。根据破损包衣种子颗粒的面积远小于其他两种类型颗粒，当小于 0.03422% 时判断为破损包衣种子颗粒。

运用功能模块 Advanced Morphology 中的 Remove small objects 子模块，移除图像中的小面积颗粒，从而移除图像中破损包衣种子颗粒。通过调试，当函数迭代次数为 13 次时，可去除图像中小于 0.03389% 的颗粒，满足设计功能要求。样图中包含两个破损包衣种子,高级形态学处理效果如图 7-7 所示。

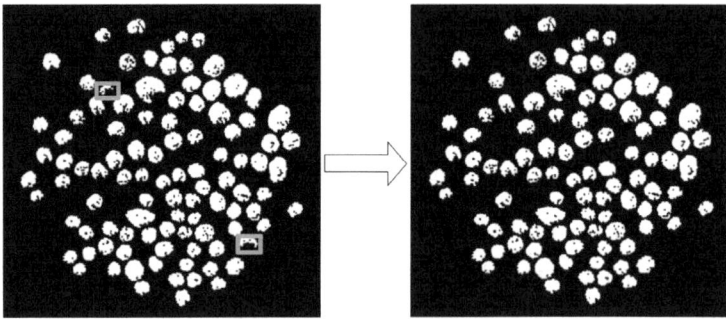

图 7-7　高级形态学处理效果

识别控制系统采用 NI 公司开发的虚拟仪器软件开发平台 LabVIEW2018 进行设计。该识别控制系统划分成 3 个模块：参数设定模块、图像识别显示模块以及结果分析模块。各模块独立设计编写，实现了参数设置、图像识别、目标标记以及计算处理等功能。丸粒化包衣种子识别检测系统界面如图 7-8 所示。

经处理后的图像，载入丸粒化包衣种子识别检测系统中，通过识别函数对目标种子进行标记识别，实时计算得到单组包衣参数下 3 种类型包衣红三叶种子数量以及包衣合格率。系统工作流程图如图 7-9 所示。

由于经图像处理后的种子为一组由白色像素组成的独立颗粒，种子表面包裹的粉料面积直接影响了白色像素总值的大小。其中，破损包衣种子处理后的白色像素总值较低，多籽包衣种子由于体积较大，处理后的白色像素总值远大于其他两种类型。根据组成颗粒的白色像素总值不同，运用视觉识别函数 IMAQ Machine Vision 中的 IMAQ Count Objects 子模块对目标颗粒进行识别。该模块能对图像中由白色像素组成的颗粒进行识别、框选以及计数，通过设置最小识别像素总值以及最大识别像素总值，生成一个识别范围，从而对图像中的目标颗粒进行识别框选并标记数量。当不设置最小识别像素总值以及最大识别像素总值时，识别系统对满足上下限条件下图像中所有包含白色像素的颗粒进行识别框选。

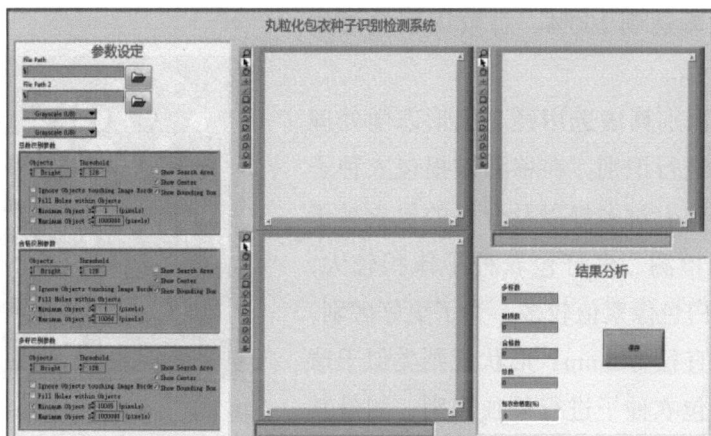

图 7-8　丸粒化包衣种子识别检测系统界面

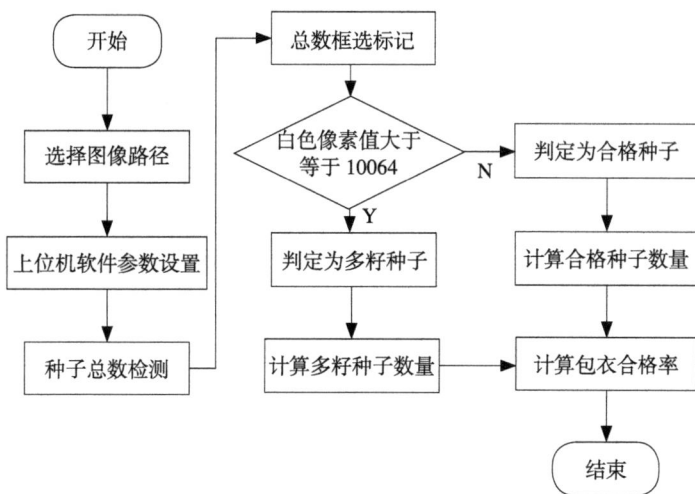

图 7-9　识别系统工作流程

总数识别算法选用未经高级形态学处理后的图像进行识别。经滤波和开运算处理后的图像消除了微小像素点的干扰。对种子总数进行识别时，调整最小识别像素总值为1，对图像中所有包含白色像素的目标进行框选识别。以样图为例，目标种子总数为100，识别过程从图像上方向下依次识别框选并编号，编号从0开始，到99结束，识别成功率达到100%。总数识别效果如图7-10所示。

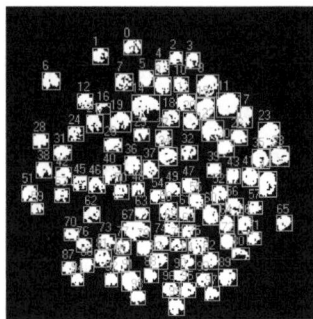

图7-10　总数识别效果

种子识别算法选用经高级形态学处理后的图像进行识别，在移除破损包衣种子颗粒的基础上对多籽以及合格的包衣种子进行识别检测。多籽包衣种子体积较大，经处理后白色像素值较多，为了更好区别，选取一颗直径为5mm、形状规则类似于球体的合格包衣种子进行单独识别，测量其白色像素总值为10064，以作为判断多籽与合格包衣种子的阈值。根据阈值参数进行设置，调整最小识别像素总值为10065，对多籽包衣种子进行框选识别并记数。样图中多籽包衣种子个数为8，识别系统检测结果与其一致，满足设计要求。多籽包衣种子识别效果如图7-11所示。

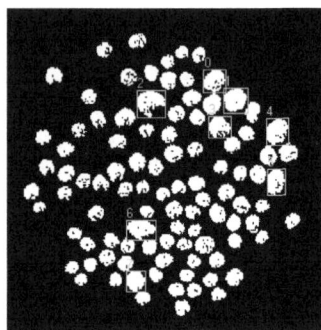

图7-11　多籽包衣种子识别效果

设置合格包衣种子的阈值参数，调整最大识别像素总值为10064。识别过程中，对图中白色像素总值≤10064的目标进行框

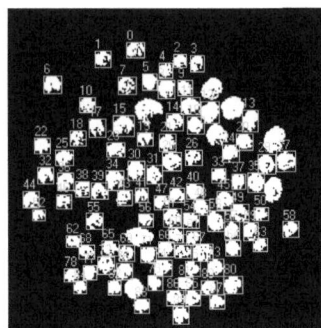

图7-12　合格包衣种子识别效果

选记数，样图中合格包衣种子数量为90，识别结果与实际情况一致，符合设计要求。合格包衣种子识别效果如图7-12所示。

系统运行前，初始选择识别图像路径，识别过程中，3种识别过程同时进行，并实时显示识别结果。其中破损包衣种子数等于识别总数减去另外两种类型包衣种子数，包衣合格率等于合格包衣种子数除以识别总数。生成结果后可保存至 Excel 中，方便对不同包衣参数下的包衣合格率进行对比分析。

7.1.2　单籽抗压强度

单籽抗压强度 P 为平均每粒丸粒化牧草种子所能承受的最大压力，其计算公式如下：

$$P = \frac{\sum_{i=1}^{N} P_i}{N} \times 100\%$$
（7-2）

式中：P 为单粒抗压强度（N）；P_i 为被测试第 i 粒丸粒化种子的抗压强度（N）；N 为测试种子粒数（粒）。

抗压强度利用质构仪进行检测，每组试验种子测试 10 次，取其平均值。测试试验开始前，将被测牧草种子水平放置在分析仪测定平面上，采用直径为 10mm 的圆柱形测头进行测试；试验开始时，设定测头下行速度为 30mm/min，加载检测速度为 15mm/min，测头回程速度为 30mm/min，沿种子厚度方向加载 6s 后停机。测试试验完成后，利用分析仪系统后处理模块，分析牧草种子在整个加载过程中力—位移数据曲线，获得牧草种子抗压强度值。

7.1.3　种粉混合程度评价指标

为了探索种子丸粒化包衣机理，了解种子丸粒化包衣过程，采用变异系数作为评价参数来衡量种子丸粒化包衣过程中种、粉颗粒间的混合程度，变异系数采用离散元仿真试验获取。

采用离散元软件 EDEM 进行种、粉颗粒间的混合过程仿真模拟，设置仿真时间为 21s，仿真结束后利用软件后处理中的 Grid Bin Group 模块，将仿真区域划分为 $10 \times 10 \times 5$ 个网格区域进行结果分析，如图 7-13 所示。统计每个网格内种子与粉料颗粒的个数，以此为基础计算变异系数，计算时间间隔为 1.5s/ 次。

图 7-13 中网格划分区域中包含的网格总数为 m 个，假设第 k 个网格中含有种子与粉料的颗粒总数为 d_k，其中包含 b_k 个粉料颗粒，则由下式计算出第 k 个网格中粉料颗粒占所有颗粒的百分比。

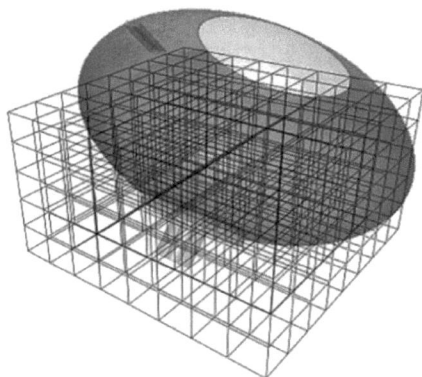

图 7-13　仿真区域网格划分示意

$$g_k = \frac{b_k}{d_k} \tag{7-3}$$

假设定义所有网格中粉料颗粒总数占所有颗粒总数的百分比 ε_1 计算公式如下：

$$\varepsilon_1 = \frac{\sum\limits_1^m b_k}{\sum\limits_1^m d_k} \tag{7-4}$$

则第 k 个网格中粉料颗粒的离差公式：

$$X_k = \frac{g_k}{\varepsilon_1} \tag{7-5}$$

由此可以得到所有粉料颗粒的标准差 S_x 计算公式如下：

$$S_x = \sqrt{\frac{\sum\limits_1^m (X_k - \overline{x})}{m-1}} \tag{7-6}$$

$$\overline{x} = \sum_1^m \frac{X_k}{m} \tag{7-7}$$

衡量种、粉颗粒混合均匀程度的评价指标变异系数为：

$$CV = \frac{S_x}{\overline{x}} \tag{7-8}$$

变异系数能够定量且较为客观地反映出种、粉间的混合均匀程度，变异系数越小，表明种粉间的混合效果越好。

7.2 振动丸粒化包衣机工作参数与丸粒化质量影响规律

7.2.1 振动丸粒化包衣机工作参数单因素试验

为确定种子丸粒化包衣机工作参数对冰草种子丸粒化性能（单籽丸粒化合格率、单籽抗压强度）的影响规律，开展了丸粒化包衣机工作参数（包衣锅转速、包衣锅倾角、包衣锅振动频率、包衣锅振动幅值、包衣锅振动方向）的单因素试验研究。

7.2.1.1 包衣锅转速对丸粒化包衣质量的影响规律

由于包衣锅转速对颗粒间的运动速度、离心力、摩擦力、颗粒与包衣锅之间摩擦力及运动高度等均有较大影响，首先开展转速对丸粒化包衣性能的影响规律研究，试验参数设置及试验结果见表7-2。图7-14为每组3次试验平均值的结果曲线。

表 7-2　包衣锅转速单因素试验

试验号	试验条件					试验指标	
	A	B	C	D	E	单籽丸粒化合格率（%）	单籽抗压强度（N）
	包衣锅转速（r/min）	包衣锅倾角（°）	振动频率（Hz）	振动幅值（mm）	振动方向		
1a	30	45	20	2	z	88	90.1
1b	30	45	20	2	z	86	89.5
1c	30	45	20	2	z	91	87.1
2a	35	45	20	2	z	89	90.3
2b	35	45	20	2	z	91	92.5
2c	35	45	20	2	z	90	89.8
3a	40	45	20	2	z	91	95.3
3b	40	45	20	2	z	91	96.4
3c	40	45	20	2	z	92	95.9
4a	45	45	20	2	z	93	104.5
4b	45	45	20	2	z	93	106.3
4c	45	45	20	2	z	94	103.8
5a	50	45	20	2	z	89	99.3
5b	50	45	20	2	z	88	88.2
5c	50	45	20	2	z	86	100.5

由图 7-14 试验结果可以看出，随着包衣锅转速的增大，单籽丸粒化合格率与单籽抗压强度呈现出基本一致的变化规律，两者均随着包衣锅转速的增加而呈现先增大后减小的趋势。当包衣锅转速为 30r/min 时，抗压强度为78.3N，单籽丸粒化合格率为 88.3%；当转速上升为 45r/min 时，抗压强度达到104.9N，单籽丸粒化合格率为 93.3%，单子丸粒化合格率提升约 5.7%。包衣锅转速为 45r/min 时，突出参数最优值。

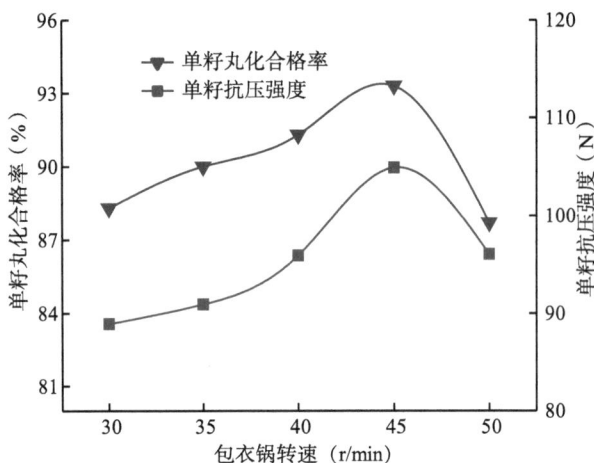

图 7-14　包衣锅转速对冰草种子丸粒化包衣质量的影响

利用离散元软件 EDEM 对种子丸粒化包衣过程进行研究，以衡量种粉间混合均匀程度的变异系数及种粉间的接触力作为评价指标，以单因素试验条件为基础仿真分析包衣锅转速对种子、粉料混合均匀度及接触力的影响规律，从而探究种子丸粒化包衣机理，确定影响丸粒化包衣性能的最佳包衣锅转速，变异系数仿真结果如图 7-15 所示。

由图 7-15（a）可知，包衣锅在图中所示不同的转速下，随着丸粒化包衣过程的进行，变异系数随丸粒化包衣时间的增加而呈现单调减小的变化规律。丸粒化包衣初始阶段，变异系数均呈现较大值，如当包衣锅转速为30r/min 和 35r/min 时，变异系数分别为 0.33 和 0.35；经过种、粉颗粒间的混合过程持续作用约 15s 后，变异系数基本不再变化，颗粒间达到较好的混合程度。由图 7-15（b）中可知，包衣锅转速为 45r/min 时，在种子丸粒化包衣整个时间段内，变异系数整体表现较好，混合 15s 时的变异系数为 0.16，明显低于包衣锅其他转速下的变异系数，最佳变异系数所对应的包衣锅工作转速与图 7-14 中最佳单籽丸粒化合格率所对应的包衣锅工作转速一致，综合试验结果表明包衣锅转速 45r/min 时，种、粉颗粒混合均匀，种子单籽丸粒化合格率高。

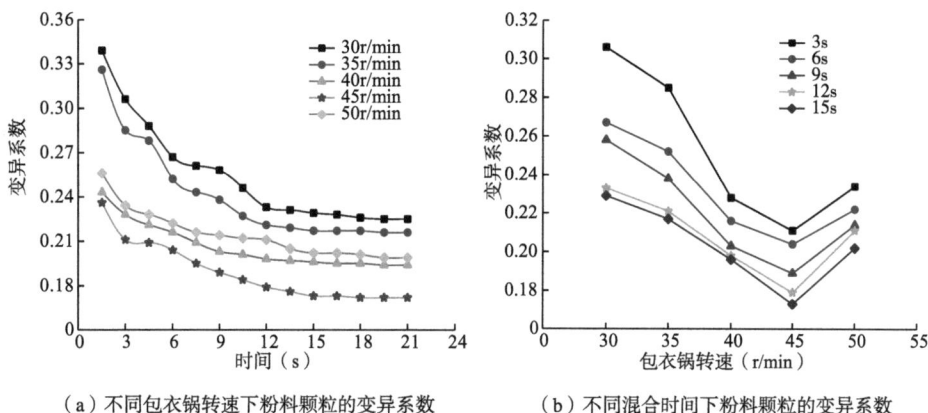

（a）不同包衣锅转速下粉料颗粒的变异系数　　　（b）不同混合时间下粉料颗粒的变异系数

图 7-15　包衣锅转速对混合均匀度的影响

　　由上述分析可以看出，单籽丸粒化合格率与变异系数的最佳值均出现在包衣锅转速为 45r/min，结合丸粒化包衣过程可知，种粉混合均匀，有利于种子成丸，同时可以减小多籽率。因此，促进种子丸粒化包衣过程中颗粒间的充分混合是提高丸粒化质量的重要方法。同时，在进行丸粒化包衣工作参数筛选时，可以利用 EDEM 仿真方法，利用变异系数作为评价指标来间接衡量种子丸粒化包衣合格率。

　　仿真完成后，分别提取不同包衣锅转速下种、粉间的碰撞接触力，并与试验测试结果中的抗压强度进行对比，仿真试验得到的碰撞接触力和物理试验测得的单籽抗压强度结果如图 7-16 所示，图中单籽抗压强度为单因素物理试验测试结果值，碰撞接触力为单因素仿真试验数据提取值。

　　由上图试验结果可知，当包衣锅转速过小或过大时，种、粉间的碰撞接触力较小，抗压强度较低。当包衣锅转速为 45r/min 时，种、粉间的碰撞接触力和抗压强度均达到最大，分析其原因可以发现，种、粉间碰撞次数增加，动能不断地转化为黏结能量，较大的接触力可以使种子丸粒化壳表面紧实而致密，使丸粒化种子表面达到较大的抗压强度。

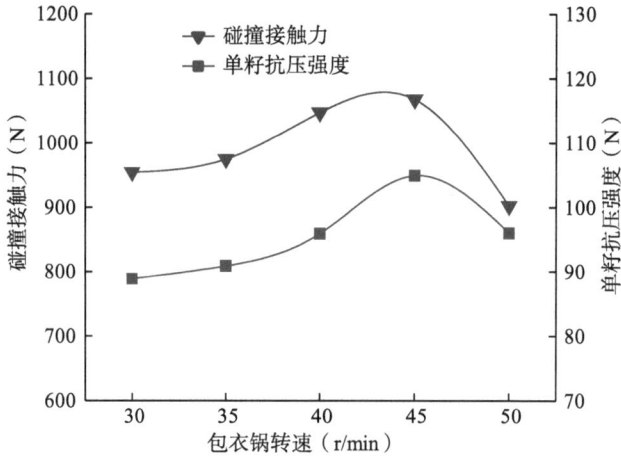

图 7-16　包衣锅转速仿真与试验结果对比示意

由上述分析可以看出，单籽抗压强度与种、粉颗粒间的碰撞接触力具有相似的变化规律。因此，在进行丸粒化包衣工作参数筛选时，可以利用 EDEM 仿真方法，利用碰撞接触力作为评价指标来间接衡量种子丸粒化包衣的抗压强度。

为了了解种、粉混合过程中，种子颗粒与粉料颗粒的混合机理，应用 EDEM 完成了种、粉颗粒的混合过程图像的提取。图 7-17 所示为典型的不同包衣锅转速下种、粉颗粒混合效果示意。

观察上图可以发现，当包衣锅转速为 45r/min 时，粉料颗粒均匀地分散于种子颗粒间，颗粒在包衣锅内的分布范围较大，种子和粉料具有较大的运动空间。而当包衣锅转速为 30r/min 和 50r/min 时，种、粉颗粒基本处于分离状态，未能形成均匀混合的状态，包衣锅转速对种、粉颗粒间的混合均匀程度有显著影响。

结合前述种子丸粒化包衣运动规律，综合单因素试验与仿真结果分析可知，当包衣锅以较低转速工作时，牧草种子和粉料颗粒所受离心力较小，两种颗粒无法随包衣锅在大范围内进行运动，种子与粉料基本堆积在包衣锅底部小区域内运动，种、粉间的黏合力使种子群不能进行良好的渗透与相互转动，致使牧草种子单籽丸粒化合格率与抗压强度较低。

当包衣锅转速超过临界转速时，种子与粉料颗粒将在离心力的作用下贴附在锅壁上随包衣锅共同转动，种子与粉料颗粒间的摩擦、转动、蠕动、挤压等相互作用减弱，同样导致丸粒化质量下降。当包衣锅转速为 45r/min 左右时，种子的单籽丸粒化合格率与抗压强度均呈现出较高值。因此，由上述单因素试验可以得出以下结论：当包衣锅转速为 45r/min 左右时，种子、粉料的混合均匀度较好，种、粉间的碰撞接触力较大，单籽丸粒化合格率与抗压强度均表现较佳，丸粒化包衣质量较高。

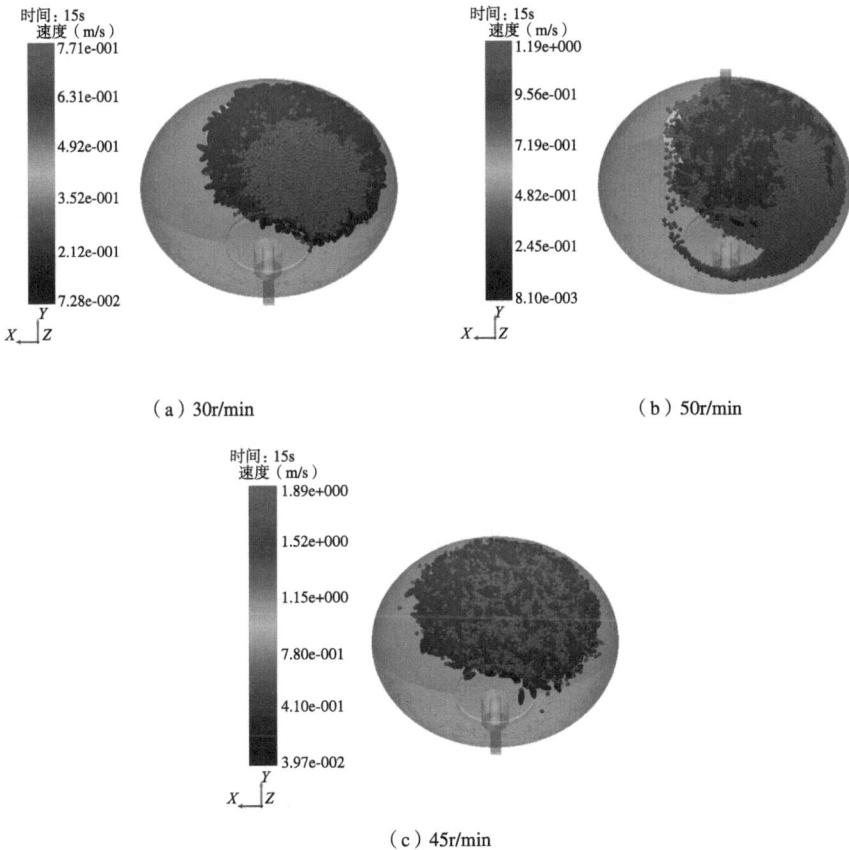

（a）30r/min

（b）50r/min

（c）45r/min

图 7-17 不同包衣锅转速下种、粉混合均匀度仿真示意

7.2.1.2 包衣锅倾角对丸粒化包衣质量的影响规律

包衣锅倾角对丸粒化包衣种子的摩擦力、离心运动规律及整体运动范围有重要影响。开展包衣锅倾角对丸粒化包衣性能的影响规律研究，试验参数设置及试验结果见表 7-3。图 7-18 为根据单因素试验平均值绘制的包衣锅倾角与单籽丸粒化合格率、单籽抗压强度间的关系曲线。

表 7-3　包衣锅倾角单因素试验

试验号	试验条件					试验指标	
	A	B	C	D	E	单籽丸粒化合格率（%）	单籽抗压强度（N）
	包衣锅转速（r/min）	包衣锅倾角（°）	振动频率（Hz）	振动幅值（mm）	振动方向		
1a	40	25	20	2	z	83	80.1
1b	40	25	20	2	z	80	73.1
1c	40	25	20	2	z	81	77.4
2a	40	30	20	2	z	85	98.2
2b	40	30	20	2	z	83	98.2
2c	40	30	20	2	z	86	98
3a	40	35	20	2	z	93	105.9
3b	40	35	20	2	z	86	108.7
3c	40	35	20	2	z	87	114.7
4a	40	40	20	2	z	93	128.3
4b	40	40	20	2	z	93	130.2
4c	40	40	20	2	z	94	129.1
5a	40	45	20	2	z	91	95.3
5b	40	45	20	2	z	91	96.4
5c	40	45	20	2	z	92	95.9

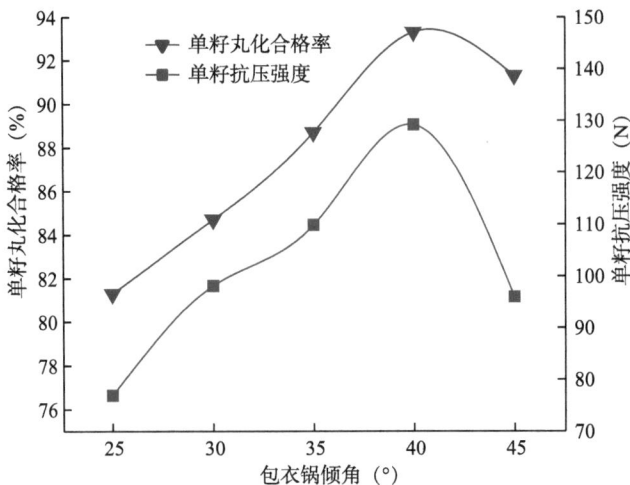

图 7-18　包衣锅倾角对冰草种子丸粒化包衣质量的影响

由图 7-18 试验结果中可以看出，单籽丸粒化合格率和抗压强度在包衣锅倾角为 40° 时出现最佳值，当包衣锅倾角较小或较大时，单籽丸粒化合格率均明显低于倾角为 40° 时的合格率；当包衣锅倾角为 25° 时，抗压强度为 76.9N，单籽丸粒化合格率为 81.3%；当倾角调整为 40° 时，抗压强度达到 129.2N，单籽丸粒化合格率为 93.3%，单籽丸粒化合格率提升约 14.8%。

同理，利用离散元软件 EDEM 仿真分析包衣锅倾角对种子丸粒化包衣性能的影响规律，仿真结果如图 7-19、图 7-20、图 7-21 所示。

观察图 7-19（a）可以发现，当包衣锅倾角分别为 25°、30°、35°、40° 和 45° 时，随着种子丸粒化包衣时间的增加，变异系数均呈现出单调下降的变化趋势。结合图 7-19（b）中可知，整个种子丸粒化包衣过程中，包衣锅倾角为 40° 时的变异系数均比其他包衣锅倾角下的变异系数低。包衣锅倾角为 40° 时，有利于种子、粉料颗粒间的充分混合，能够确保种子单籽丸粒化合格率达到最高，与单因素物理试验结论相同。

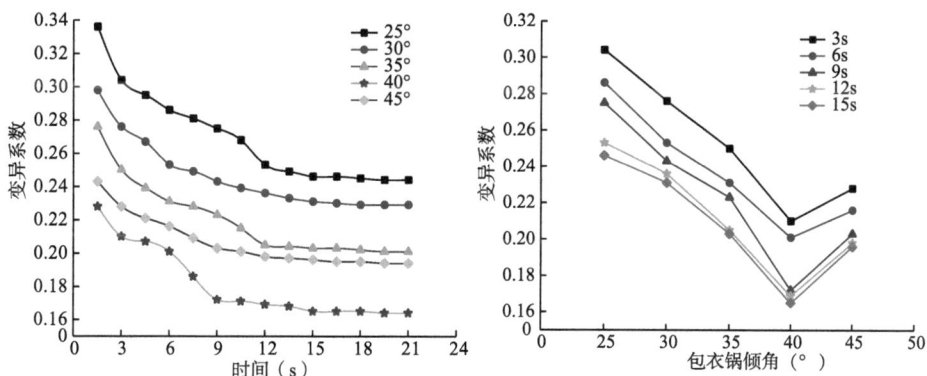

（a）不同包衣锅倾角下粉料颗粒的变异系数　　　　（b）不同混合时间下粉料颗粒的变异系数

图 7-19　包衣锅倾角对混合均匀度的影响

由图 7-20 试验结果可知，当包衣锅倾角过小或过大时，种、粉间的碰撞接触力较小，抗压强度较低，抗压强度与碰撞接触力呈现出一致的变化规律。当包衣锅倾角为 40° 时，种、粉颗粒间的碰撞接触力和抗压强度均达到最大。

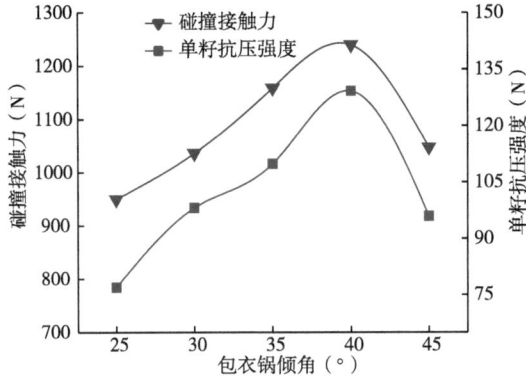

图 7-20　包衣锅倾角仿真与试验结果对比示意

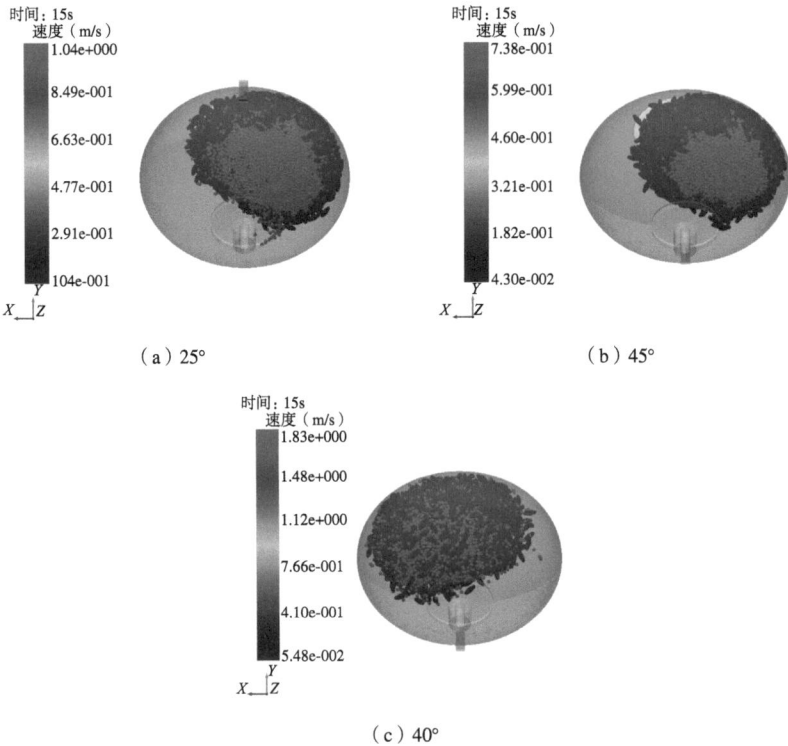

（a）25°　　　　　　　　　　（b）45°

（c）40°

图 7-21　不同包衣锅倾角下种粉混合均匀度仿真示意

　　图 7-21 为不同包衣锅倾角下种、粉间混合效果示意可以发现，当包衣锅倾角为 40°时，粉料颗粒与种子颗粒间的混合效果较好，粉料颗粒均匀地分布在种子颗粒周围，种子与粉料在包衣锅内的分布范围较大，即颗粒的运动范

围较大。而当包衣锅倾角大于或小于 40° 时，种、粉颗粒基本处于相对独立的区域，未能形成均匀混合状态，包衣锅倾角调整为 40° 时可以使种、粉颗粒混合均匀，倾角对于颗粒间的混合效果影响显著。

7.2.1.3　振动频率对丸粒化包衣质量的影响规律

在丸粒化包衣过程中，冰草种子与粉料在激振力的作用下会发生运动趋势的变化，有利于促进种、粉间的混合均匀程度。振动频率的大小对冰草种子与粉料在包衣锅内的接触次数、混合均匀程度以及种、粉间的碰撞接触力有重要影响。为了研究振动频率对混合均匀度的影响规律，了解振动频率对丸粒化包衣质量的影响规律，开展振动频率单因素试验，试验因素设置见表 7-4，试验结果如图 7-22 所示。

表 7-4　包衣锅振动频率单因素试验

试验号	试验条件					试验指标	
	A	B	C	D	E	单籽丸粒化合格率（%）	单籽抗压强度（N）
	包衣锅转速（r/min）	包衣锅倾角（°）	振动频率（Hz）	振动幅值（mm）	振动方向		
1a	30	45	10	2	z	83	78.4
1b	30	45	10	2	z	82	74.8
1c	30	45	10	2	z	82	74.6
2a	30	45	15	2	z	84	79.9
2b	30	45	15	2	z	87	76.7
2c	30	45	15	2	z	86	84.3
3a	30	45	20	2	z	88	90.1
3b	30	45	20	2	z	86	89.5
3c	30	45	20	2	z	91	87.1
4a	30	45	25	2	z	86	78.0
4b	30	45	25	2	z	82	70.9
4c	30	45	25	2	z	85	81.8
5a	30	45	30	2	z	79	76.0
5b	30	45	30	2	z	83	70.0
5c	30	45	30	2	z	84	65.6

从图 7-22 中可以看出，随着施加在包衣锅上振动频率的增大，单籽丸粒化合格率呈现出先增大后减小的趋势，并在频率为 20Hz 时出现最大值。当振动频率为 10Hz 时，单籽抗压强度值为 74.6N，单籽丸粒化合格率为 82.3%；当振动频率为 20Hz 时，单籽丸粒化合格率上升约 7.3%。

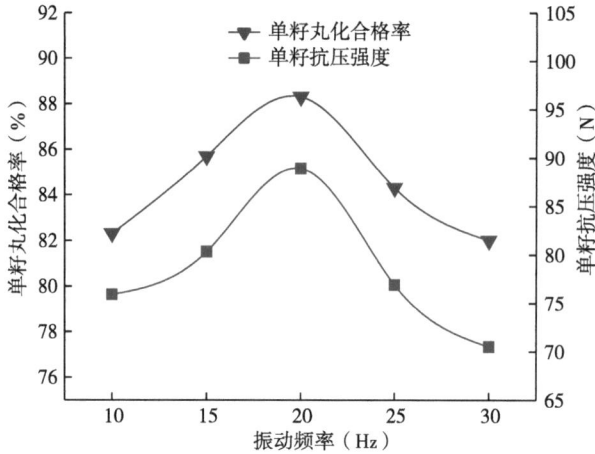

图 7-22　振动频率对冰草种子丸粒化包衣质量的影响

为了研究振动频率对种、粉间混合程度的影响及找到最佳的工作振动频率，对不同振动频率作用下的种、粉间混合均匀程度进行仿真分析。仿真结果如图 7-23 所示。

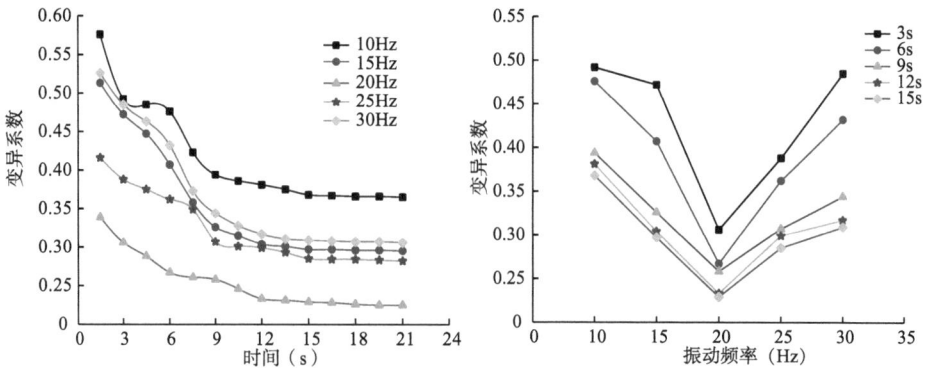

（a）不同振动频率下粉料颗粒的变异系数　　（b）不同混合时间下粉料颗粒的变异系数

图 7-23　振动频率对混合均匀度的影响

观察图 7-23（a）可以发现，虽然包衣锅的振动频率不同，但随着丸粒化包衣时间的增加，变异系数均呈现单调下降的变化规律，丸粒化包衣时间小于 15s 时的变异系数变化幅度较大，变异系数呈现快速下降的变化规律；当丸粒化时间大于 15s 后，变异系数变化幅度很小，基本趋于稳定。由图 7-23（b）中可知，当振动频率为 20Hz 时，变异系数在整个丸粒化包衣过程中均低于其他频率下的变异系数值。结合物理试验结果可以看出，振动频率为 20Hz 时体现出较好的混合特性，此时的丸粒化包衣质量较好。

仿真完成后，分别提取不同振动频率下种、粉颗粒间的碰撞接触力，并与试验测试结果中的抗压强度进行对比。仿真与试验得到的碰撞接触力和抗压强度结果如图 7-24 所示。图 7-25 所示为不同振动频率下种、粉颗粒间混合效果示意。

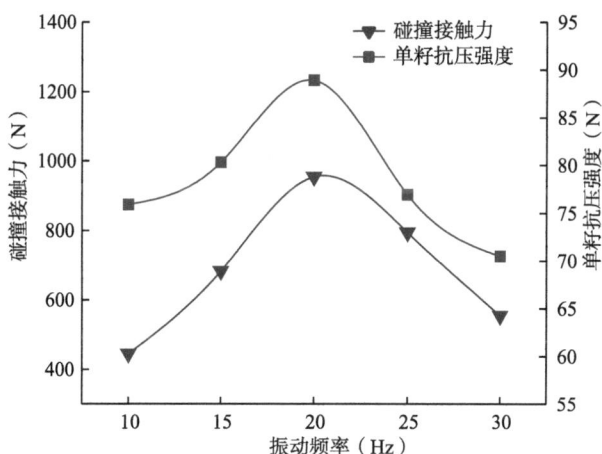

图 7-24　振动频率仿真与试验结果对比示意

由上图可知，当振动频率过小或过大时，种、粉间的碰撞接触力较小，抗压强度较低。当振动频率为 20Hz 时，碰撞接触力和抗压强度均能达到最大，提高了种粉间的接触次数和接触力，有利于促进种粉间的混合效果，从而进一步提高种子的单籽丸粒化合格率和丸粒化品质。当振动频率为 20Hz 时，种子与粉料颗粒间混合均匀。单籽丸粒化合格率达到最大值，种子、粉料的混合均匀度较好，丸粒化包衣质量较高。

（a）10Hz

（b）30Hz

（c）20Hz

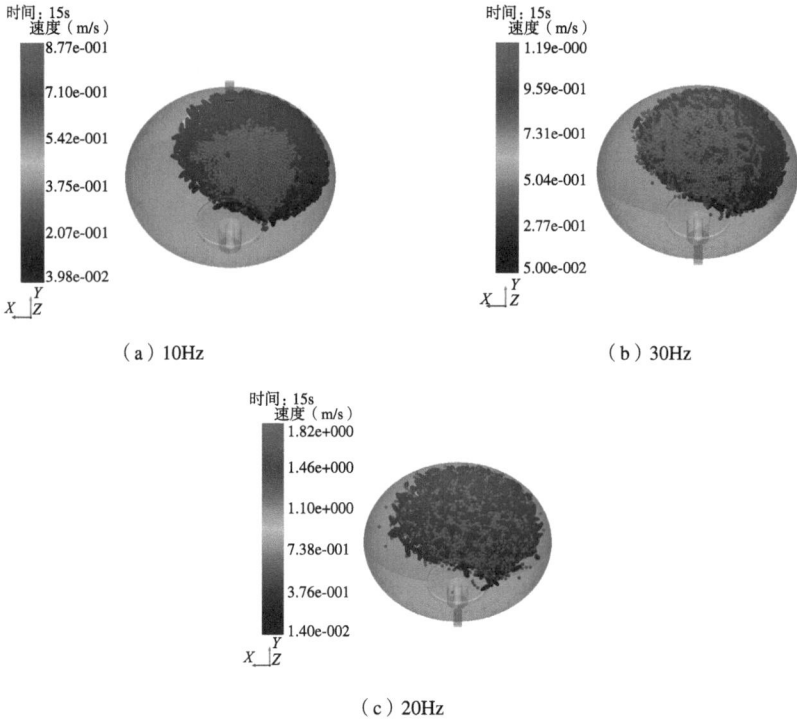

图 7-25　不同振动频率下种粉混合均匀度仿真示意

7.2.1.4　振动幅值对丸粒化包衣质量的影响规律

在丸粒化包衣过程中，冰草种子与粉料在不同振动幅值的作用下会发生运动轨迹和运动趋势的变化，有利于提高种、粉间的碰撞次数和碰撞接触力，促进种、粉间的混合均匀程度。开展振动幅值对丸粒化包衣性能的影响规律研究，试验因素设置见表 7-5，试验结果如图 7-26 所示。

表 7-5　包衣锅振动幅值单因素试验

试验号	试验条件					试验指标	
	A	B	C	D	E	单籽丸粒化合格率（%）	单籽抗压强度（N）
	包衣锅转速（r/min）	包衣锅倾角（°）	振动频率（Hz）	振动幅值（mm）	振动方向		
1a	30	45°	20	0	z	80	65.8
1b	30	45°	20	0	z	81	68.1
1c	30	45°	20	0	z	78	64

试验号	试验条件					试验指标	
	A	B	C	D	E	单籽丸粒化	单籽抗压
	包衣锅转速 （r/min）	包衣锅倾角 （°）	振动频率 （Hz）	振动幅值 （mm）	振动方向	合格率（%）	强度（N）
2a	30	45°	20	0.5	z	83	74.7
2b	30	45°	20	0.5	z	85	65
2c	30	45°	20	0.5	z	79	67.1
3a	30	45°	20	1	z	83	71.1
3b	30	45°	20	1	z	83	72
3c	30	45°	20	1	z	85	72.4
4a	30	45°	20	1.5	z	85	78.1
4b	30	45°	20	1.5	z	86	78.8
4c	30	45°	20	1.5	z	83	76.6
5a	30	45°	20	2	z	88	90.1
5b	30	45°	20	2	z	86	89.5
5c	30	45°	20	2	z	91	87.1

从图 7-26 试验结果可以看出，单籽丸粒化合格率与单籽抗压强度随着振动幅值的增加而增大，整体呈现上升规律，当振动幅值为 0mm 时，丸粒化包衣机没有振动作用，单籽丸粒化合格率仅为 79.7%，远低于有振动作用下的

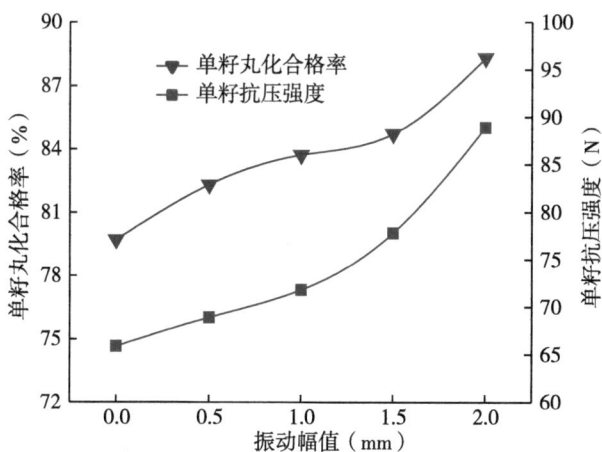

图 7-26　振动幅值对冰草种子丸粒化包衣性能的影响

单籽丸粒化合格率，表明振动丸粒化包衣机对于提高传统旋转釜式丸粒化包衣机的质量性能具有明显的效果。针对所用试验台，振动幅值最大变化范围为 0~2mm。因此，在现有试验设备的基础上，为了得到较好的丸粒化合格率，设置振动幅值为 2mm 作为最佳幅值的选择。

为了研究振动幅值对种、粉间混合程度的影响及找到最佳的工作振动幅值，对不同振动幅值作用下的种、粉间混合均匀程度进行仿真分析。仿真结果如图 7-27 所示。

由图 7-27（a）可知，包衣锅在不同振动幅值下，混合过程中的变异系数的变化趋势都是随着时间的增加而减小，说明随着时间的增加，种粉间的混合逐渐趋于稳定。从总体上来看，在达到同样混合均匀度的前提下，振动幅值为 2mm 时所需的时间更短，变异系数较小，混合程度优于其他振动幅值。由图 7-27（b）中可知，不同振动幅值随着时间的增加，变异系数都呈现逐渐减小的趋势，且都于 15s 时达到最小。不同时间阶段中，当振动幅值为 2mm 时，其变异系数为最小，表明此时种子与粉料之间有着较好的混合均匀度。

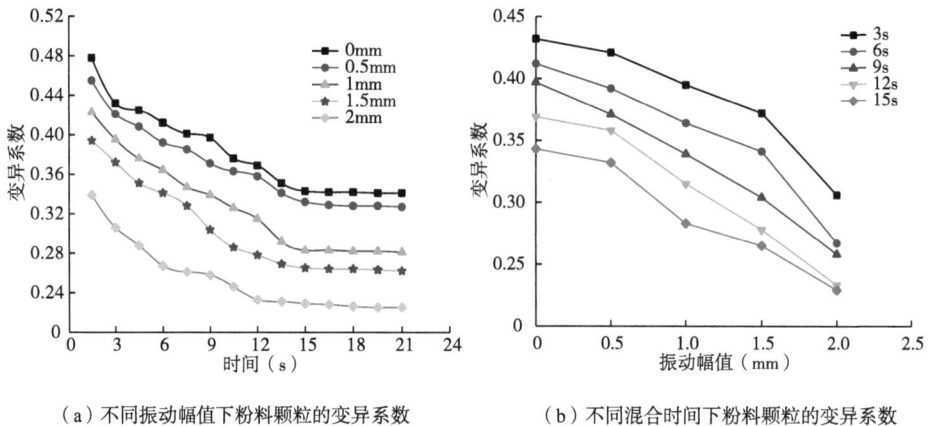

（a）不同振动幅值下粉料颗粒的变异系数　　　（b）不同混合时间下粉料颗粒的变异系数

图 7-27　振动幅值对混合均匀度的影响

仿真完成后，分别提取不同振动幅值下种、粉间的碰撞接触力，并与试验测试结果中的抗压强度进行对比。仿真与试验得到的碰撞接触力和抗压强度结果如图 7-28 所示。图 7-29 所示为不同振动幅值下种、粉间混合效果示意。

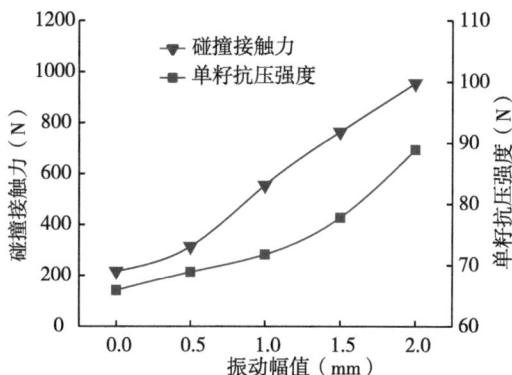

图 7-28　振动幅值仿真与试验结果对比示意

由图 7-28 试验结果可知，当振动幅值过小时，种粉间的碰撞接触力较小，抗压强度较低。当振动幅值为 2mm 时，碰撞接触力和抗压强度均能达到最大，有利于提高种粉间的碰撞次数、接触力以及种、粉间的混合，进一步提高了冰草种子的单籽丸粒化合格率和丸粒化品质。

由图 7-29（a）可知，当包衣锅振动幅值为 0mm 时，种子与粉料容易发生团聚现象，各自随着包衣锅的旋转进行运动，种、粉间的接触力以及接触机会减小，导致种粉间混合均匀度较低，种粉间混合效果较差，导致种子单籽丸粒化合格率降低。由图 7-29（b）可知，当包衣锅转动幅值为 2mm 时，种子与粉料之间的接触次数、接触数和接触能量随着包衣锅振动幅值的增加而增加，促进了种、粉间的混合，种、粉混合均匀度较好，丸粒化包衣品质较高。

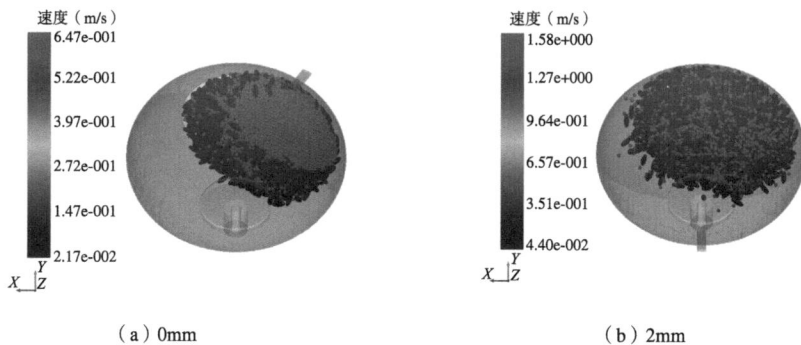

（a）0mm　　　　　　　　　　　　　　　　（b）2mm

图 7-29　不同振动幅值下种粉混合均匀度仿真示意

7.2.1.5 振动方向对丸粒化包衣质量的影响规律

在丸粒化包衣过程中，振动方向对于种子与粉料的运动轨迹和运动范围同样有着较大的影响。开展振动方向对丸粒化包衣性能的影响规律研究，试验因素设置见表 7-6，试验结果如图 7-30 所示。

表 7-6　包衣锅振动方向单因素试验

试验号	试验条件					试验指标	
	A	B	C	D	E	单籽丸粒化合格率（%）	单籽抗压强度（N）
	包衣锅转速（r/min）	包衣锅倾角（°）	振动频率（Hz）	振动幅值（mm）	振动方向		
1a	40	45°	20	2	x	86	91.6
1b	40	45°	20	2	x	88	89.5
1c	40	45°	20	2	x	89	90.4
2a	40	45°	20	2	y	85	89.7
2b	40	45°	20	2	y	86	86.1
2c	40	45°	20	2	y	83	81.6
3a	40	45°	20	2	z	91	95.3
3b	40	45°	20	2	z	91	96.4
3c	40	45°	20	2	z	92	95.9

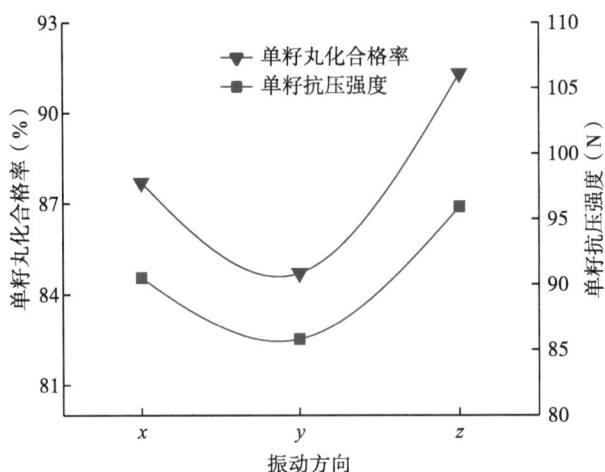

图 7-30　振动方向对丸粒化包衣性能的影响

从上图试验结果可以看出，振动方向与单籽丸粒化合格率、单籽抗压强度具有较好的相关性，z 向振动下的单籽丸粒化合格率和单籽抗压强度明显高于 x 和 y 方向，因此，为了得到较好的丸粒化包衣质量，应保持振动施加方向为 z 方向。

为了研究振动方向对种、粉间混合程度的影响及找到最佳的工作振动方向，对不同振动方向作用下的种、粉间混合均匀程度进行仿真分析。仿真结果如图 7-31 所示。

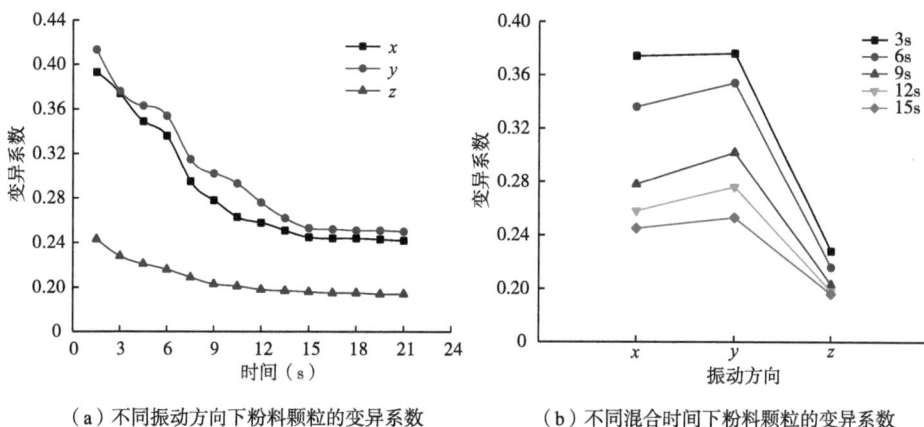

（a）不同振动方向下粉料颗粒的变异系数　　　（b）不同混合时间下粉料颗粒的变异系数

图 7-31　振动方向对混合均匀度的影响

由图 7-31（a）可知，包衣锅在不同振动方向下，种、粉间混合过程中变异系数的变化趋势都是随着混合时间的逐步增加而减小的，这表明在不同振动方向下，种粉间的混合均匀度是随着时间的增加而逐渐趋于平稳的。从总体上来看，在达到同样混合均匀度的前提下，振动方向为 z 方向所需的时间更短，变异系数较小，混合程度优于其他振动方向。由图 7-31（b）中可知，不同振动方向随着时间的增加，变异系数都呈现逐渐减小的趋势，当振动方向为 z 方向时，不同时间阶段的变异系数都较小，这表明当振动方向为 z 方向时，种、粉间具有较好的混合均匀程度。

仿真完成后，分别提取不同振动方向下种、粉间的碰撞接触力，并与试验测试结果中的抗压强度进行对比。图 7-32 所示为不同振动方向下种、粉间混合效果示意，仿真与试验得到的碰撞接触力和抗压强度结果如图 7-33 所示。

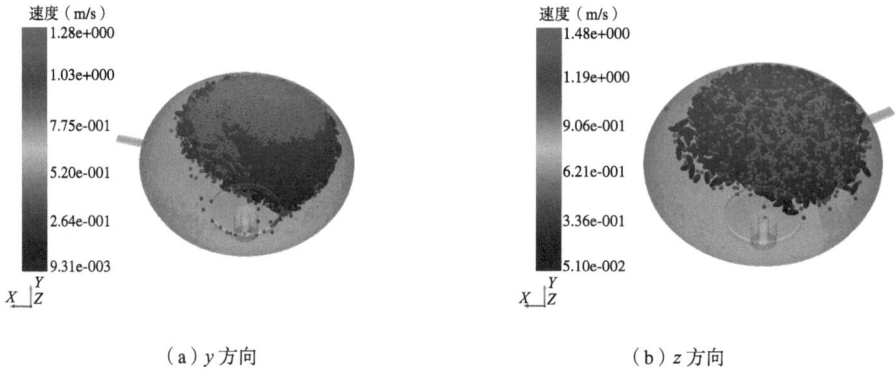

（a）y 方向　　　　　　　　　　　　（b）z 方向

图 7-32　不同振动方向下种粉混合均匀度仿真示意

由图 7-32（a）所示，当包衣锅振动方向为 y 方向时，由于种子与粉料沿 z 方向的重力作用，导致在 y 方向的运动范围会有所下降，种子与粉料容易沿 y 方向发生分层团聚流动现象，种、粉间无法进行大范围的混合，种、粉混合效果较差，进一步降低种子合格率和包衣品质。

由图 7-32（b）所示，当包衣锅振动方向为 z 方向时，种子与粉料在受沿 z 方向重力以及沿 z 方向振动的双重作用下，种、粉间的接触次数、接触范围以及接触机会增加，从而提高了种、粉间的混合均匀程度，进一步提高了种子的合格率、单籽率。

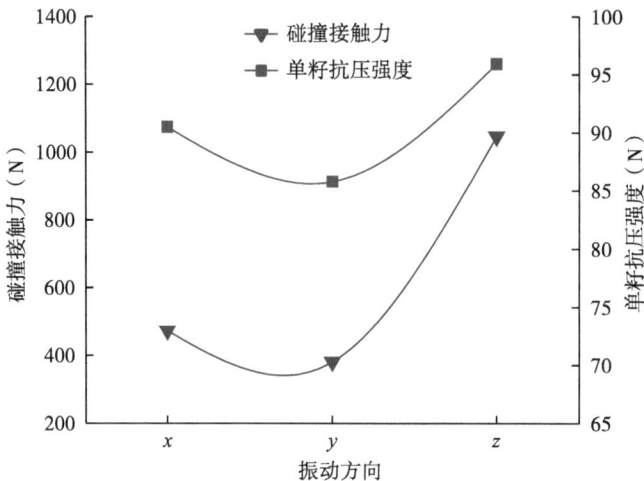

图 7-33　振动方向仿真与试验结果对比示意

结合上图试验结果可知，当振动方向为水平方向 x、y 时，种、粉间的碰撞接触力较小，抗压强度较低。当振动方向为垂直方向 z 时，碰撞接触力和抗压强度均能达到最大，有利于提高种、粉间的碰撞次数、接触力以及种粉间的混合，进一步提高了冰草种子的单籽丸粒化合格率和丸粒化品质。

7.2.2 振动丸粒化包衣机曲面响应试验分析

由于单因素试验不能全面反映因素的整体情况，确定因素与响应之间的相关关系。采用一种专门解决多变量问题的数学统计方法（Box-Behnken 响应面试验方法），对振动丸粒化包衣机的工作参数与丸粒化包衣质量间存在的多元非线性关系进行研究。寻找振动丸粒化包衣机的最佳工作参数组合。

7.2.2.1 单籽丸粒化合格率曲面响应分析

将单籽丸粒化合格率、单籽抗压强度作为试验响应指标，根据单因素试验确定的振动丸粒化包衣机主要工作参数：包衣锅转速、振动频率、包衣锅倾角为试验因素。采用三因素三水平 Box-Behnken 响应面分析法进行试验设计，因素的水平根据单因素试验结果进行选取，最终的试验因素水平如表 7-7 所示。

表 7-7　冰草种子试验参数水平编码

水平	试验因素	振动频率（Hz）	包衣锅转速（r/min）	包衣锅倾角（°）
	因素代码	A	B	C
−1		10	40	35
0		20	45	40
1		30	50	45

每组性能试验进行 3 次，每次间隔时间分别为 10 min，试验结果取平均值。试验结束后统计冰草种子单籽丸粒化合格率，烘干后测取种子单籽抗压强度，同时利用 EDEM 软件进行仿真试验，以变异系数为响应值，利用后处理软件计算得到变异系数，将物理试验统计结果与仿真试验结果统计后记录在表 7-8 中。

表 7-8 冰草种子二次回归正交试验方案及试验结果

试验编号	包衣锅转速（r/min）	振动频率（Hz）	包衣锅倾角（°）	变异系数 CV	单籽抗压强度（N）	单籽丸粒化合格率（%）
1	−1	−1	0	0.442	60.8	76.8
2	1	−1	0	0.312	87.9	83.3
3	−1	1	0	0.295	118.4	84.8
4	1	1	0	0.306	73.1	82.1
5	−1	0	−1	0.497	70.1	68.3
6	1	0	−1	0.332	71.3	80.8
7	−1	0	1	0.326	76.5	81.3
8	1	0	1	0.387	51.1	78.5
9	0	−1	−1	0.528	69.3	67.5
10	0	1	−1	0.426	89.3	72.3
11	0	−1	1	0.338	59.6	80.1
12	0	1	1	0.329	69.4	80.8
13	0	0	0	0.216	89.1	93.7
14	0	0	0	0.213	93.2	91.3
15	0	0	0	0.205	90.2	93.6
16	0	0	0	0.246	96.3	93.5
17	0	0	0	0.228	90.1	94.1

利用 Design 软件可以对因素与响应指标间不同种类回归模型进行对比分析，表 7-9 为各种回归模型的方差分析。

表 7-9 冰草种子单籽丸粒化合格率多种回归模型方差分析

模型类型	平方和	自由度	均方值	F 值	P 值
平均值	1.1E+05	1	1.1E+05		
线性	168.10	3	56.03	0.7199	0.5577
2FI	83.89	3	27.96	0.3013	0.8238
二次方程	904.91	3	301.64	91.82	< 0.0001
三次方程	18.08	3	6.03	4.91	0.0792
残差	4.91	4	1.23		
总计	1.1E+05	17	6878.57		

由上表可以看出，采用线性模型、2FI 模型、二次方程模型和三次方程模型均能进行单籽丸粒化合格率的仿真模型拟合。由分析结果可以看出，二次方程模型的 P 值 <0.0001，说明利用二次方程进行模型拟合表现出非常显著的特性，二次方程模型用来拟合模型准确度高，与实际试验结果的一致性较好。因此，对于冰草种子单籽丸粒化合格率应采用二次方程模型进行拟合。

通过 Design-Expert 11.0 对正交试验结果进行多元回归拟合，得到冰草种子单籽丸粒化合格率二阶回归方程：

$$J = 93.24 + 1.69A + 1.54B + 3.98C - 2.30AB - 3.83AC - 1.02BC \\ - 4.72A^2 - 6.77B^2 - 11.29C^2 \quad\quad (7\text{-}9)$$

回归模型的方差分析如表 7-10 所示。

表 7-10　冰草种子单籽丸粒化合格率的方差分析

方差源	均方	自由度	平方和	F 值	P 值	显著性
模型	1156.89	9	128.54	39.13	< 0.0001	**
A	22.78	1	22.78	6.94	0.0337	*
B	18.91	1	18.91	5.76	0.0475	*
C	126.40	1	126.40	38.48	0.0004	**
AB	21.16	1	21.16	6.44	0.0388	*
AC	58.52	1	58.52	17.82	0.0039	**
BC	4.20	1	4.20	1.28	0.2953	
A^2	93.80	1	93.80	28.56	0.0011	**
B^2	192.98	1	192.98	58.75	$<0.000\,1$	**
C^2	537.17	1	537.17	163.52	$<0.000\,1$	**
残差	22.99	10	3.28			
失拟项	18.08	6	6.03	4.91	0.079 2	
纯误差	4.91	4	1.23			
总和	1179.88	16				

注：** 表明影响极其显著（$P<0.01$），* 表明影响显著（$P<0.05$）。

观察回归方程的方差分析结果可以看出，模型项的 P 值 <0.0001，说明模型具有统计学意义，冰草种子单籽丸粒化合格率与各因素间的回归方程的关系极显著。失拟项均方值为 6.03，通常该项越小越好，其对应的 P 值越大

越好，表中的 P 值为 0.0792，大于 0.05，说明所得方程与实际拟合中非正常误差所占比例较小，回归方程的拟合精度较高，可以利用该响应曲面函数取代实际试验所得数据进行分析。观察标准化残差的正态概率分布图 7-35 可以发现，数据点基本分布在直线附近且分布近似为一条直线，误差较小；观察残差与预测分布图 7-36 可以发现，数据点分布较分散，没有出现异常点。综上所述，均表示冰草种子单籽丸粒化合格率回归模型极显著，可以真实地反映种子丸粒化包衣质量情况，可用于进一步的目标丸粒化合格率预测分析。

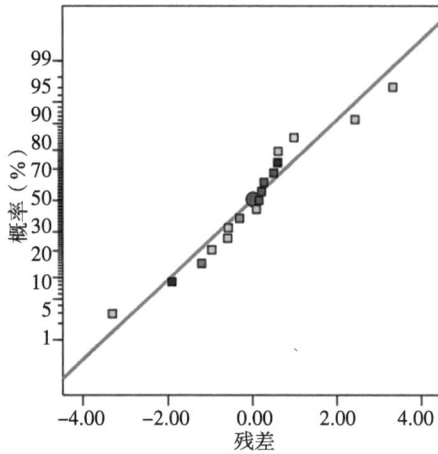

图 7-35　单籽丸粒化合格率标准化残差的正态概率分布

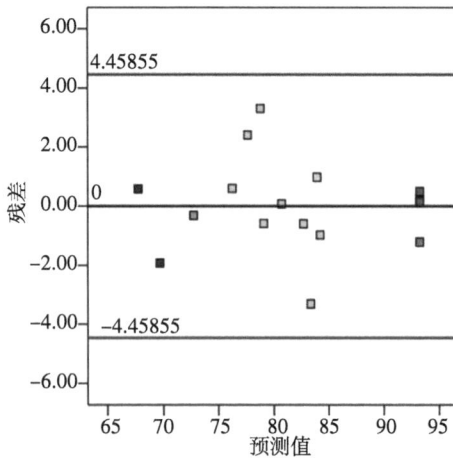

图 7-36　冰草单籽丸粒化合格率残差与预测分布

由表 7-10 可知，一次项中的包衣锅倾角 C、二次项中的 A^2、B^2、C^2，其 P 值均小于 0.001，说明上述项的变化对单籽丸粒化合格率有极显著影响。由各变量的 F 值可以确定试验过程中的变量对响应指标的影响顺序为包衣锅倾角 C> 振动频率 A> 包衣锅转速 B。振动频率 A 与包衣锅转速 B、包衣锅倾角 C 的交互项均显示出对单籽丸粒化合格率的显著影响，包衣锅转速 B 与包衣锅倾角 C 的交互项对响应的影响不显著，应该将该项舍弃后重新进行方程的拟合与方差分析，调整后的方差分析见表 7-11。

表 7-11　调整后单籽丸粒化合格率的方差分析

方差源	均方	自由度	平方和	F 值	P 值	显著性
模型	1152.69	8	144.09	42.38	< 0.0001	**
A	22.78	1	22.78	6.70	0.0322	*
B	18.91	1	5.56	5.56	0.0461	*
C	126.40	1	126.40	37.18	0.0003	**
AB	21.16	1	21.16	6.22	0.0372	*
AC	58.52	1	58.52	17.21	0.0032	**
A^2	93.80	1	93.80	27.59	0.0008	**
B^2	192.98	1	192.98	56.77	<0.000 1	**
C^2	537.17	1	537.17	158.01	<0.000 1	**
残差	27.20	8	3.4			
失拟项	22.28	4	5.57	4.54	0.0861	
纯误差	4.91	4	1.23			
总和	1179.88	16				

前述在回归模型的选择上利用多种模型的方差分析对结果 P 值进行对比，选出了显著模型，为了进一步验证回归模型的准确性，采用软件分析得到单籽丸粒化合格率实际值与模型预测值的关系曲线如图 7-37 所示，图上点的分布全部集中在直线周围，误差较小，表明单籽丸粒化合格率试验值与预测值之间具有高度相关性，模型可靠性较高，可用于冰草种子丸粒化包衣过程中单籽丸粒化合格率的预测分析。

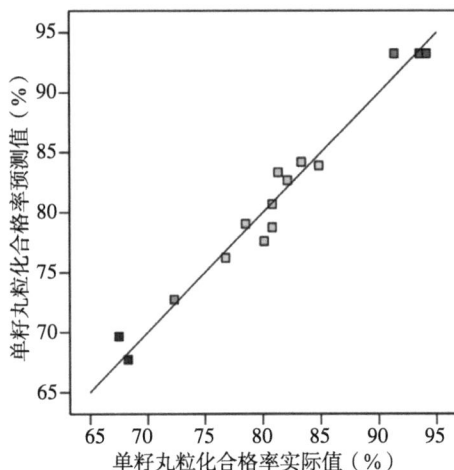

图 7-37　冰草种子单籽丸粒化合格率实际值与预测值关系曲线

为了评价因素交互作用对单籽丸粒化合格率指标的影响效果，利用控制变量法，即图中除分析的两种因素外，第三因素取 Box-Behnken 试验中各因素的 0 水平对应值。通过 Design-Expert 11.0 软件对振动频率—包衣锅转速（ $A \times B$ ）、振动频率—包衣锅倾角（ $A \times C$ ）、包衣锅转速—包衣锅倾角（ $B \times C$ ）交互效应的三维响应曲面图与等高图进行绘制，如图 7-38、图 7-39 和图 7-40 所示。

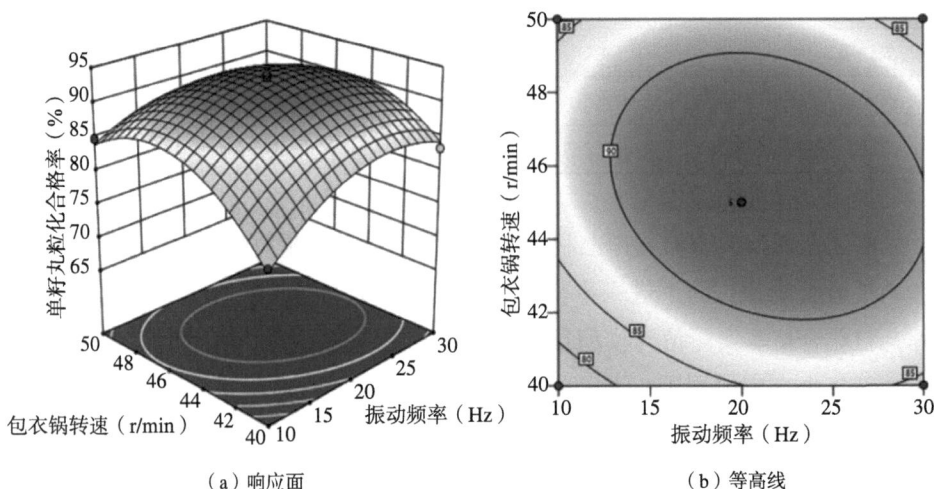

（a）响应面　　　　　　　　　　　　（b）等高线

图 7-38　振动频率和包衣锅转速交互作用对冰草种子单籽丸粒化合格率的影响

图 7-38（a）表示当包衣锅倾角固定不变，振动频率与包衣锅转速变化过程中单籽丸粒化合格率的变化趋势，当包衣锅转速为一定值时，单籽丸粒化合格率随着振动频率的增加而表现出先快速上升，达到较大值后开始缓慢下降的趋势，如当振动频率由 10Hz 增加到 30Hz 时，单籽丸粒化合格率从 65% 快速上升到 86% 后缓慢下降到 80%，在振动频率为 20Hz 时出现单籽丸粒化合格率最大值。当振动频率为固定值时，随着包衣锅转速的上升，单籽丸粒化合格率同样表现出先升高后降低的变化趋势。

观察图 7-38（b）可以发现，等高线图形为椭圆，说明振动频率与包衣锅转速交互作用显著，对于单籽丸粒化合格率的影响具有显著效应。在所试验的因素变化范围内，单籽丸粒化合格率的最佳值处于振动频率为 15~25Hz，包衣锅转速为 44~48r/min 范围内，此结论与单因素试验结果一致。

图 7-39（a）表示当包衣锅转速固定不变，振动频率与包衣锅倾角变化过程中单籽丸粒化合格率的变化趋势，当包衣锅倾角为 40° 时，单籽丸粒化合格率随着振动频率的增加而表现出先上升后下降的趋势；如当振动频率由 10Hz 增加到 30Hz 时，单籽丸粒化合格率从 80% 快速上升到 90% 后缓慢下降到 85%；在振动频率为 20Hz 时出现单籽丸粒化合格率最大值。当振动频率为固定值时，随着包衣锅倾角的增加，单籽丸粒化合格率表现出先快速上升后缓慢降低的变化趋势。如当包衣锅振动频率为 10Hz 时，随着包衣锅倾角的增加，单籽丸粒化合格率由 70% 快速增加到 88% 后，缓慢的降低到 83%。

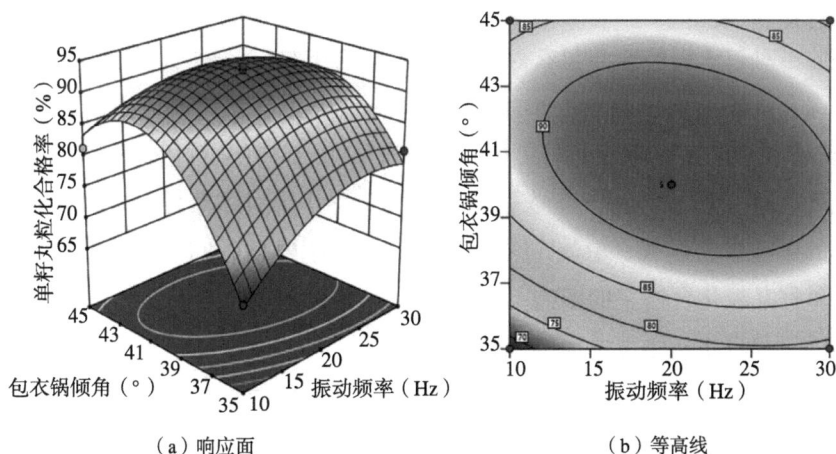

（a）响应面　　　　　　　　　　　（b）等高线

图 7-39　振动频率和包衣锅倾角交互作用对冰草种子单籽丸粒化合格率的影响

观察图 7-39（b）可以发现，等高线图形同样为椭圆，说明振动频率与包衣锅倾角交互作用显著，对于单籽丸粒化合格率的影响具有显著效应。在所试验的因素变化范围内，单籽丸粒化合格率的最佳值处于振动频率为 15~25Hz，包衣锅倾角为 39°~43°，此结论与单因素试验结果一致。

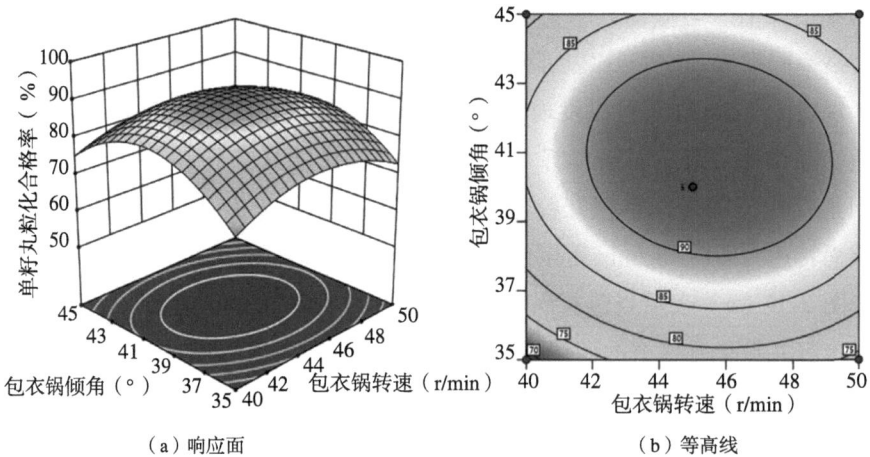

（a）响应面　　　　　　　　　　　　（b）等高线

图 7-40　包衣锅倾角和包衣锅转速交互作用对冰草种子单籽丸粒化合格率的影响

图 7-40（a）表示当包衣锅振动频率固定不变，包衣锅转速与包衣锅倾角变化过程中单籽丸粒化合格率的变化趋势。由图可以看出，响应曲面坡度变化较缓，等高线图趋近圆形，表明包衣锅转速与包衣锅倾角的交互作用不显著，对单籽丸粒化合格率的影响程度一般，可以忽略，这与前述方差分析结果一致，故在此不对包衣锅转速与包衣锅倾角的交互作用进行进一步的分析。

综合试验结果方差分析和丸粒化合格率交互效应三维响应曲面可知，AB（振动频率—包衣锅转速）间交互作用对冰草种子单籽丸粒化合格率的影响较为显著、AC（振动频率—包衣锅倾角）间交互作用对冰草种子单籽丸粒化合格率的影响极为显著、BC（包衣锅转速—包衣锅倾角）间的交互作用对冰草种子单籽丸粒化合格率的影响不显著。

7.2.2.2　单籽抗压强度曲面响应分析

利用与单籽丸粒化合格率相似的分析方法开展冰草种子单籽抗压强度仿真试验。冰草种子单籽抗压强度与各试验因素之间不同种类回归模型的方差对比分析结果见表 7-12。

表 7-12　冰草种子单籽抗压强度多种回归模型方差分析

模型类型	平方和	自由度	均方值	F 值	P 值
平均值	1.081E+05	1	1.081E+05		
线性	1119.01	3	373.00	1.46	0.2701
2FI	1513.34	3	504.45	2.80	0.0945
二次方程	1707.45	3	569.15	43.41	< 0.0001
三次方程	56.83	3	18.94	2.17	0.2344
残差	34.95	4	8.74		
总计	1.125E+05	17	6620.27		

由表 7-12 可以看出，线性模型、2FI 模型、二次方程模型和三次方程模型均可进行冰草种子单籽抗压强度的仿真模型拟合，但只有二次方程模型的 P 值 <0.0001，表现出非常显著的特性，模拟结果与实际试验结果的一致性好，说明二次方程模型用来拟合单籽抗压强度模型准确度高。因此，对于冰草种子单籽抗压强度采用二次方程模型进行拟合。

通过 Design-Expert 11.0 对单籽抗压强度进行二次方程模型拟合，得到单籽抗压强度二阶回归方程。

$$P = 91.78 - 5.30A + 9.08B - 5.42C - 18.10AB - 6.65AC - 2.55BC - 5.69A^2 - 1.04B^2 - 18.84C^2 \tag{7-10}$$

冰草种子单籽抗压强度回归模型的方差分析如表 7-13 所示。

表 7-13　冰草种子单籽抗压强度的方差分析

方差源	均方	自由度	平方和	F 值	P 值	显著性
模型	4339.80	9	482.20	36.78	< 0.0001	**
A	224.72	1	224.72	17.14	0.0043	**
B	658.85	1	658.85	50.25	0.0002	**
C	235.44	1	235.44	17.96	0.0039	**
AB	1310.44	1	1310.44	99.95	<0.000 1	**
AC	176.89	1	176.89	13.49	0.0079	**
BC	26.01	1	26.01	1.98	0.2018	
A^2	136.32	1	136.32	10.40	0.0146	*
B^2	4.55	1	4.55	0.3473	0.5741	

续表

方差源	均方	自由度	平方和	F 值	P 值	显著性
C^2	1494.51	1	1494.51	113.99	<0.000 1	**
残差	91.78	7	13.11			
失拟项	56.83	3	18.94	2.17	0.2344	
纯误差	34.95	4	8.74			
总和	4431.58	16				

注：** 表明影响极其显著（$P<0.01$），* 表明影响显著（$P<0.05$）。

观察回归方程的方差分析结果可以看出，模型项 $P<0.000\ 1$，说明模型具有统计学意义，单籽抗压强度与各因素间的回归方程的关系是极显著的。失拟项均方值为 18.94，通常该项越小越好，其对应的 P 值为 0.2344 且大于 0.05，说明所得方程与实际拟合中非正常误差所占比例较小，回归方程的拟合精度较高，利用该响应面函数进行模拟预测真实试验所得数据具有较好的一致性。

为了进一步验证回归模型的准确性，采用 Design 软件分析得到冰草种子单籽抗压强度实际值与拟合模型预测值的关系曲线（图 7-41）。由图可以看出，图上数据点的分布全部集中在直线周围，误差较小，表明单籽抗压强度试验

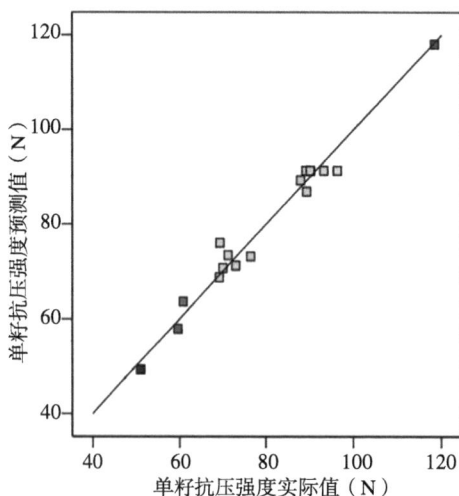

图 7-41　冰草种子单籽抗压强度实际值与预测值关系曲线

值与预测值之间具有高度相关性，模型可靠性较高，可用于冰草种子丸粒化包衣过程中单籽抗压强度的预测分析。

为了评价因素交互作用对单籽抗压强度指标的影响效果，利用控制变量法，即图中除分析的两种因素外，第三因素取 Box-Behnken 试验中各因素的 0 水平对应值。通过 Design-Expert 11.0 软件对振动频率—包衣锅转速($A \times B$)、振动频率—包衣锅倾角（$A \times C$)、包衣锅转速—包衣锅倾角（$B \times C$）交互效应的三维响应曲面图与等高图进行绘制，如图 7-42、图 7-43 所示。

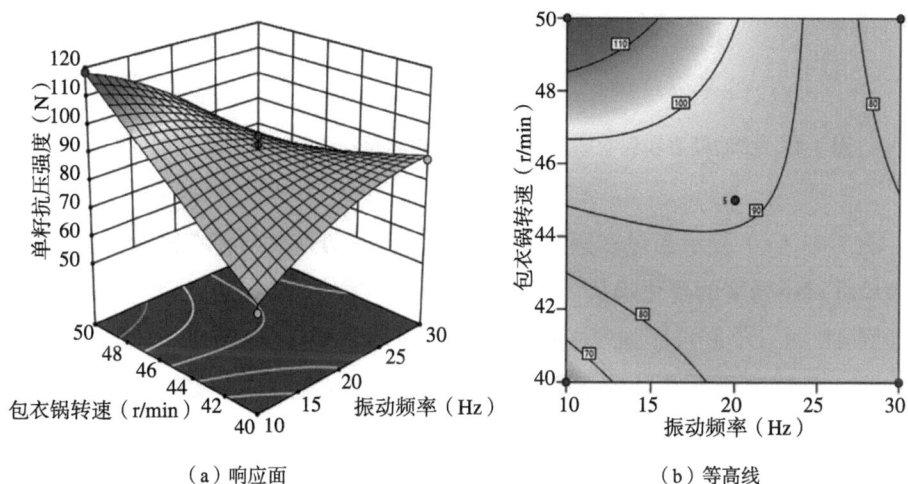

（a）响应面　　　　　　　　（b）等高线

图 7-42　振动频率和包衣锅转速交互作用对冰草种子单籽抗压强度的影响

图 7-42（a）表示当包衣锅倾角固定不变，振动频率与包衣锅转速变化过程中单籽抗压强度的变化趋势，当包衣锅转速在 40~45r/min 范围内时，单籽抗压强度随着振动频率的增加呈现先上升后下降的变化规律。当包衣锅转速在 45~50r/min 范围内时，单籽抗压强度随着振动频率的增加呈现单调下降的变化规律。当振动频率在 10~20Hz 范围内时，随着包衣锅转速的上升，单籽抗压强度呈现快速上升的趋势；如振动频率为 10Hz 时，单籽抗压强度从 58N 快速上升到 118N。当振动频率在 20~30Hz 范围内时，单籽抗压强度随包衣锅转速的上升呈现逐渐减小的趋势。

观察图 7-42（b）可以发现，等高线图形为非圆形，说明振动频率与包衣锅转速交互作用显著，对于单籽抗压强度的影响具有显著效应。

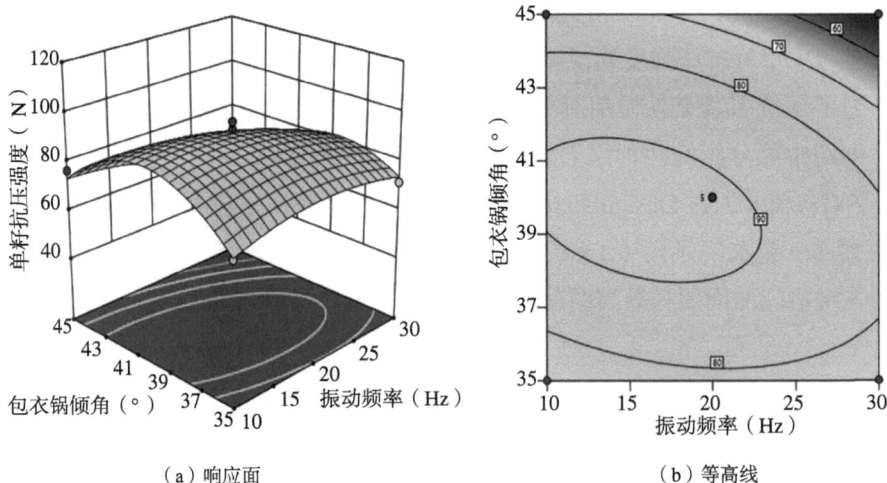

（a）响应面　　　　　　　　　　　（b）等高线

图 7-43　振动频率和包衣锅倾角交互作用对冰草种子单籽抗压强度的影响

图 7-43（a）表示当包衣锅转速固定不变，振动频率与包衣锅倾角变化过程中单籽抗压强度的变化趋势。当振动频率为一固定值时，包衣锅倾角由 35°增加到 41°时，单籽抗压强度随包衣锅倾角的增大而增加；当包衣锅倾角继续增加时，单籽抗压强度呈现下降趋势；当包衣锅倾角固定不变时，单籽抗压强度随振动频率的变化趋势同样呈现先上升后下降的趋势，但整体变化范围较缓。

观察图 7-43（b）可以发现，等高线图形为椭圆，说明振动频率与包衣锅倾角交互作用显著，对于单籽抗压强度的影响具有显著效应。在所试验的因素变化范围内，单籽抗压强度的最大值处于振动频率为 10~25Hz，包衣锅倾角为 39°~45°，此结论与单因素试验结果一致。

由前述方差分析可知，包衣锅转速与包衣锅倾角对于单籽抗压强度的交互作用不明显，故在此不做进一步分析。结合试验结果方差分析和单籽抗压强度交互效应三维响应曲面分析可知，对种子单籽抗压强度影响较为显著的交互作用为 AB（振动频率—包衣锅转速）、AC（振动频率—包衣锅倾角），而 BC（包衣锅转速—包衣锅倾角）间的交互作用对冰草种子单籽抗压强度的影响不显著。

利用离散元软件对 17 组物理试验进行了仿真分析，并得到每组试验的变异系数值，通过 Design-Expert 11.0 对正交仿真试验结果进行多元回归拟合，

得到变异系数 CV 的二阶回归方程：

$$CV = 17.3019 - 0.0992A - 0.3043B - 0.4432C + 0.0007AB + 0.0011AC + \\ 0.0009BC + 0.0005A^2 + 0.0027B^2 + 0.0046C^2 \qquad (7-11)$$

变异系数回归方程的方差分析结果见表7-14。

表7-14 仿真试验回归模型方差分析

方差源	均方	自由度	平方和	P 值	显著性
模型	0.149 1	9	0.016 6	0.000 2	**
A	0.006 2	1	0.006 2	0.020 7	*
B	0.008 7	1	0.008 7	0.009 7	**
C	0.020 3	1	0.020 3	0.001 0	**
AB	0.005 0	1	0.005 0	0.032 5	*
AC	0.012 8	1	0.012 8	0.003 7	**
BC	0.002 2	1	0.002 2	0.122 9	
A^2	0.010 0	1	0.010 0	0.007 0	**
B^2	0.019 7	1	0.019 7	0.001 1	**
C^2	0.055 9	1	0.055 9	<0.000 1	**
残差	0.004 9	7	0.000 7		
失拟项	0.003 9	3	0.001 3	0.074 4	
纯误差	0.001 0	4	0.000 3		
总和	0.154 1	16			

由上表分析结果可知，变异系数 CV 拟合回归模型 $P<0.0001$，失拟项 P 值为 0.0744，大于 0.05，表明该回归模型拟合较好，无失拟现象发生，表示该变异系数 CV 回归模型极其显著，能够可靠和真实的反映真实情况，可用于进一步的目标变异系数优化预测分析。

7.3 振动丸粒化包衣机工作参数优选

7.3.1 牧草种子丸粒化包衣显著性影响参数筛选

影响种、粉间混合均匀程度的因素众多，采用 Design-Expert 软件进行

Plackett-Burman 试验设计，可筛选出影响显著的参数。试验参数的选择依照单因素试验设定，以变异系数 CV 作为响应值，通过 Plackett-Burman 试验筛选出对响应值存在显著性影响的参数。表 7-15 中的 5 个试验参数的最大、最小值分别为高水平、低水平。Plackett-Burman 试验方案及结果见表 7-16。

表 7-15　冰草种子 Plackett-Burman 试验参数范围

试验参数	低水平	高水平
振动频率 A_b（Hz）	10	20
振动幅值 B_b（mm）	1	2
振动方向 C_b	x	z
包衣锅转速 D_b（r/min）	40	50
包衣锅倾角 E_b（°）	35	45

表 7-16　冰草种子 Plackett-Burman 试验方案与结果

序号	A_b	B_b	C_b	D_b	E_b	变异系数 CV
1	20	2	x	50	45	0.225
2	10	2	z	40	45	0.236
3	20	1	z	50	35	0.301
4	10	2	x	50	45	0.256
5	10	1	z	40	45	0.208
6	10	1	x	50	35	0.244
7	20	1	x	40	45	0.375
8	20	2	x	40	35	0.448
9	20	2	z	40	35	0.458
10	10	2	z	50	35	0.219
11	20	1	z	50	45	0.175
12	10	1	z	40	35	0.324

利用 Design-Expert 11.0 软件对试验结果进行方差分析，得到各仿真参数显著性结果，见表 7-17。

表 7-17　冰草种子 Plackett-Burman 试验参数显著性分析

仿真试验参数	自由度	平方和	F 值	P 值	显著性
A_b	1	0.0204	11.04	0.0159	*
B_b	1	0.0039	2.08	0.1990	
C_b	1	0.0063	3.41	0.1144	
D_b	1	0.0330	17.83	0.0055	**
E_b	1	0.0224	12.14	0.0131	*

注：** 表明影响极其显著（$P<0.01$），* 表明影响显著（$P<0.05$），下同。

由上表可知，包衣锅转速 D_b 的 P 值 <0.01，对结果的影响极其显著；振动频率 A_b 和包衣锅倾角 E_b 的 P 值 <0.05，对结果的影响显著；其他试验参数振动幅值与振动方向的 P 值 >0.05，对结果的影响极小。因此，为了得到振动丸粒化包衣机工作参数的最佳组合，根据最优参数筛选结果，选择包衣锅转速、包衣锅振动频率、包衣锅倾角三个因素，以单籽丸粒化包衣合格率、抗压强度为响应指标，开展三因素三水平的二次回归正交试验，包衣锅振动幅值与振动方向分别选择 2mm 和 z 方向。

根据 Plackett-Burman 试验参数显著性分析结果，针对冰草种子以单籽丸粒化包衣合格率、抗压强度为响应指标，选择包衣锅转速、包衣锅振动频率、包衣锅倾角三个显著性因素，开展三因素三水平的二次回归正交试验，最终确定适合冰草牧草种子丸粒化包衣的最佳工作参数组合。

7.3.2　牧草种子丸粒化包衣性能指标单目标优化

通过 Design-Expert 11.0 软件的优化模块，以变异系数最小值和单籽丸粒化合格率的最大值为优化目标，对变异系数 CV 的二阶回归方程和冰草种子单籽丸粒化合格率的二阶回归方程进行优化求解。优化目标值及约束条件方程为如下式所示，优化求解结果见表 7-18。

$$\begin{cases} \min CV(A,B,C) \\ s.t. \begin{cases} 10 \leqslant A \leqslant 30 \\ 40 \leqslant B \leqslant 50 \\ 35 \leqslant C \leqslant 45 \end{cases} \end{cases} \tag{7-12}$$

$$\begin{cases} \max J(A,B,C) \\ s.t. \begin{cases} 10 \leqslant A \leqslant 30 \\ 40 \leqslant B \leqslant 50 \\ 35 \leqslant C \leqslant 45 \end{cases} \end{cases} \quad (7\text{-}13)$$

表 7-18　仿真试验与物理试验优化结果

试验参数	仿真优化试验参数值	物理优化试验参数值
振动频率 A（Hz）	21.21	20.95
包衣锅转速 B（r/min）	45.91	45.42
包衣锅倾角 C（°）	40.85	40.78

综合单目标优化结果及试验设备的情况，选择丸粒化包衣工作参数的最优组合为振动频率为 21Hz、包衣锅转速为 46r/min 和包衣锅倾角为 41°，由于优化结果不在正交试验 17 组范围内，本研究对优化方案开展验证试验，物理试验与模型预测的冰草种子单籽丸粒化合格率结果见表 7-19。

表 7-19　冰草种子回归模型预测与物理试验结果

试验参数	单籽丸粒化合格率		相对误差（%）
	回归模型预测	物理试验	
振动频率 21Hz 包衣锅转速 46r/min 包衣锅倾角 41°	93.7	95.3	1.7

由表 7-19 可以看出，冰草种子单籽丸粒化包衣合格率模型预测值与物理试验值相对误差为 1.7%，结果进一步表明冰草种子丸粒化包衣合格率回归模型准确可靠，在进行丸粒化包衣工作参数筛选与优化时，可以利用该模型对丸粒化包衣合格率进行预测。

通过 Design-Expert 11.0 软件的优化模块，以前述冰草种子单籽抗压强度大于 90N 的目标值为优化目标，对单籽抗压强度的二阶回归方程进行优化求解。优化求解结果见表 7-20。

表 7-20　冰草单籽抗压强度单目标优化结果

序号	试验参数			目标值	
	振动频率 （Hz）	包衣锅转速 （r/min）	包衣锅倾角 （°）	丸粒化合格率 （%）	单籽抗压强度 （N）
第一组	21.067	45.351	39.974	93.405	91.245
第二组	20.000	45.000	40.000	93.240	91.342
第三组	12.296	46.630	41.444	90.459	97.614
第四组	18.123	44.329	39.230	91.360	90.604
第五组	11.708	45.873	40.176	89.222	95.956

由上表可以看出，单籽抗压强度满足目标要求 >90N 时，同时考虑单籽丸粒化合格率最优，选择第一组工作参数组合作为冰草种子单籽抗压强度最佳时对应的最优参数组合，即包衣锅振动频率为 21Hz、包衣锅转速为 45r/min、包衣锅倾角为 40°。在最优参数下进行 3 组冰草种子丸粒化包衣试验，得到冰草种子单籽抗压强度平均值为 95.44N，相对误差为 4.4%，证明回归模型的可靠性。

7.3.3　牧草种子丸粒化包衣工作参数多目标优化

对冰草种子的单籽丸粒化合格率、抗压强度分别建立了基于工作参数与工艺参数的数学回归模型，但丸粒化包衣机的设计目标是找到单籽丸粒化合格率与抗压强度两者同时达到较优的结构参数组合，这就需要对单籽丸粒化合格率、单籽抗压强度回归模型进行联合求解，这个问题是一个多目标的优化过程。

目前用于求解多目标优化问题的算法大致可以分为 2 类。

（1）对于某些能够明确定义目标函数权重的优化问题，可以通过为不同目标函数分配权重，通过加权和将多目标函数优化问题转化为单目标函数进行求解。这类方法的解在很大程度上取决于所选择的权重。因此，该类方法只适合用于多目标函数具有明确的函数权重。常见的加权法、约束法、距离函数法均属于传统的多目标优化问题求解方法。这些方法通常将多目标函数转换为单目标函数后利用数学规划工具进行求解。这些算法的缺点是会导致某些合理的解被忽略，最终导致无法得到最优解。

（2）多目标优化的进化算法。求解此类问题常用的方法包括 epsilon 约束法、NSGA-II、MOEA/D 等。这些方法特别适合用于多个目标函数的优先级不明确的问题，即无法利用权重和方法转化为单目标函数的问题，计算结果能够为决策者提供所有可行分非支配最优解，为决策者提供多目标之间的重要性、优先级权衡分析。随着学者们的研究，发现遗传算法可以对优化问题进行全局和多方向搜索，经过进化而收敛到最适应环境的种群，从而得到多目标优化问题的最优解。

带精英策略的非支配排序的遗传算法（NSGA-II）是一种基于遗传算法的多目标优化算法。该算法是一种进化算法，专门用来分析和解决多目标优化问题，它通过对各个目标函数之间的关系进行分析与协调，从而找出能使各个目标函数都达到理想目标值的最优解集。由于非支配排序的遗传算法具有简单有效且比较明显的优越性，使其在多目标优化中成为使用较为广泛的算法。NSGA-II 算法的流程图如图 7-44 所示。

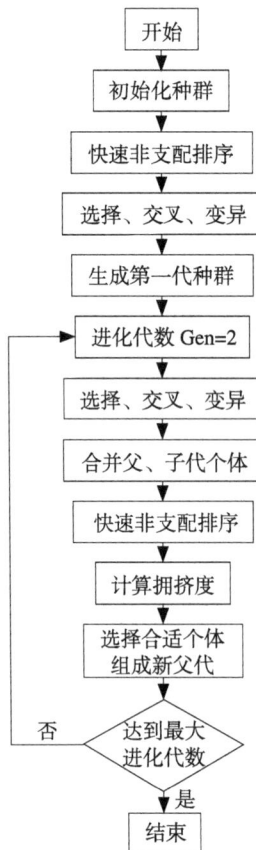

图 7-44 NSGA-II 算法运算流程

目前，通用的多目标优化问题可以描述为如下表达式：

$$\min / \max f_m(x_1, x_2, \cdots, x_n), \quad m = 1, 2, \cdots, M \qquad (7\text{-}14)$$

$$s.t. \begin{cases} lb \leqslant x_i \leqslant ub \\ Aeq \times x_i = beq \\ A \times x_i \leqslant b \end{cases} \qquad (7\text{-}15)$$

其中，$f_m(x_1, x_2, \cdots, x_n)$ 为需要优化的目标函数；x_i（$i=1,2,\cdots,n$）为需要优化的变量；$A \times x_i \leqslant b$ 为变量 x_i 的线性不等式约束；$Aeq \times x_i = beq$ 为变量 x_i 的线性等式约束；lb 和 ub 分别为变量 的下限和上限。

设 $x = (x_1, x_2, \cdots, x_n) \subset X$，$X$ 表示 x 决策向量所在的决策空间，$X \subset R^n$，R^n 为可行解集合。

以冰草种子为例说明多目标优化过程。

（1）多目标丸粒化包衣机工作参数优化模型。

①目标函数。本文在进行多目标优化时，同时有基于工作参数的单籽丸粒化合格率回归模型、基于工作参数的单籽抗压强度回归模型，从而确定两个目标函数。

$$\begin{cases} J_O = \max J(A, B, C) \\ P_O = \text{target} P(A, B, C) \end{cases} \qquad (7\text{-}16)$$

式中：J_O 为单籽丸粒化合格率目标函数；$J(A,B,C)$ 为单籽丸粒化合格率回归模型函数；P_O 为单籽抗压强度目标函数；$P(A,B,C)$ 为单籽抗压强度回归模型函数。

②约束条件。丸粒化包衣机工作参数优化时，除了满足上述目标函数要求，还需要满足下述约束条件。包衣锅振动频率根据试验条件设定为 10~30Hz；包衣锅倾角设定为 35°~45°；包衣锅转速设定为 40~50r/min。

③多目标丸粒化包衣机工作参数优化模型。公式如下：

$$\begin{cases} \max \quad J_O \\ 90 \leqslant P_O \\ s.t. \quad 10 \leqslant A \leqslant 30; \quad 40 \leqslant B \leqslant 50; \quad 35 \leqslant C \leqslant 45 \end{cases} \qquad (7\text{-}17)$$

（2）初始群体的产生。根据 NSGA-II 算法的流程，首先确定初始群体，通常种群规模与种群多样性互为矛盾关系，小的种群规模会使种群多样性降低，但可以提升计算速度，反之亦然，通常种群规模取值范围一般是

20~100，考虑本位对于计算速度的要求性不高，故选择种群规模为 100。

（3）快速非支配排序。快速非支配排序是按照分层处理的方法使种群按层次不断逼近最优解的种群个体排序方法。其思路是首先从群体中把非支配解集作为第一层分配，将群体中剩余的非支配解集作为第二层分配，依次从第一、第二层分配中的个体排序从群体中去除，以此类推，最终得到每个个体的排序。

（4）拥挤度计算。拥挤度是计算个体之间的拥挤距离，目的是为保持种群的多样性。

（5）选择、交叉、变异。种群中的个体筛选通常采用轮赛制规则，即选择非支配排序较低，拥挤度计算结果中拥挤距离较大的个体。其次采用正态分布交叉算子及自适应调整变异对父代个体进行交叉操作，交叉率与变异概率分别设置为 0.8 和 0.2。

（6）迭代。根据 NSGA-II 算法的流程，最终需要判断新构成的种群是否满足收敛条件。如不满足需要重新进行上述过程，迭代次数设定为 500。

多目标冰草种子丸粒化包衣机工作参数优化模型 pareto 最优解集如图 7-45 所示。表 7-21 为冰草种子多目标优化最优解集的前 5 组数据。表中优化结果的条件是单籽丸粒化合格率为最佳，冰草单籽抗压强度大于 90N。

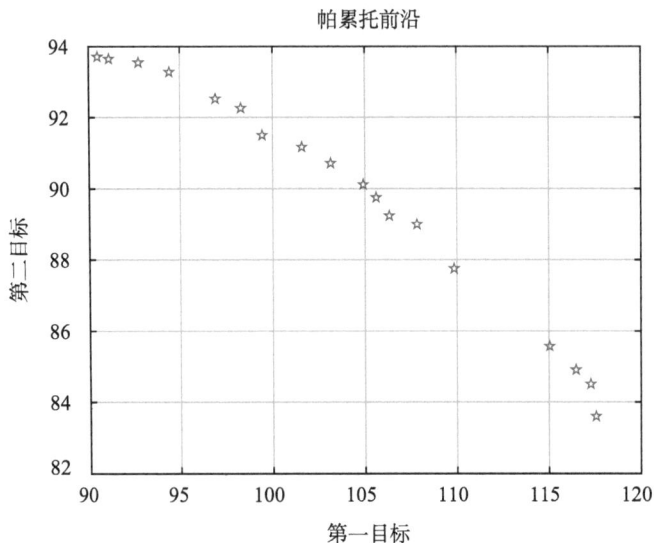

图 7-45　Pareto 最优解集

表 7-21　多目标优化变量结果

草种类型	优化变量	优化结果				
		第一组	第二组	第三组	第四组	第五组
冰草种子	振动频率（Hz）	20.90	19.38	16.25	17.26	17.37
	包衣锅转速（r/min）	45.49	45.97	47.67	47.08	46.79
	包衣锅倾角（°）	40.80	40.69	40.35	40.48	40.56
	单籽丸粒化合格率（%）	93.71	93.56	91.62	92.53	92.79
	单籽抗压强度（N）	90.49	92.89	100.75	97.86	96.85

根据上表所示的多目标优化结果和丸粒化包衣机操作实际情况，对表中数据进行取整，得到冰草种子多目标优化的最佳参数组合为振动频率 21Hz、包衣锅转速 46 r/min、包衣锅倾角 41°。

7.3.4　牧草种子丸粒化包衣工艺参数优化

在牧草种子丸粒化包衣过程中，需要多次加入黏合剂、填充粉料，经过丸粒化装置的不断旋转与振动，最终达到丸粒化种子增重比要求。经过预试验发现，牧草种子在丸粒化包衣加工过程中要严格控制每次填充材料（硅藻土）和固体黏合剂（大豆粉）的添加量，同时需喷入合适的液体量，合适的粉料和液体供给量可以避免出现黏锅现象，当液体量过多时，会使种子黏在包衣锅的内壁上，或者多粒种子黏结在一起，使多籽率上升；若粉料添加过量时，粉料自身形成球状颗粒或四处弥散，最终导致丸粒化合格率的下降。丸粒化时间对于种子抗压强度、成丸性能也具有重要影响。因此，有必要对丸粒化包衣过程中的粉料添加量、液体添加量、丸粒化包衣时间等工艺参数进行试验研究，以确定适合各类种子的丸粒化包衣工艺参数。

为了确定适合两种牧草种子丸粒化包衣的工艺参数，开展三因素三水平的正交试验，选择丸粒化合格率作为评价指标，选择单次供粉量（大豆粉：硅藻土 =3：7）、单次供液量、丸粒化包衣时间为试验因素，冰草种子正交试验因素水平编码表见表 7-22。

试验选择的冰草种子与粉料比为 1：3，种子每次添加 100g，每次供液量根据液体浸湿种子所需的液体量进行确定，总供液量由单次供液量和供粉次数决定。丸粒化包衣机工作参数设置为多目标优化后的最佳工作参数。冰草种子工艺试验结果统计及极差分析如表 7-23 所示。

表 7-22　冰草种子因素水平编码表

水平	单次供粉量（g）	单次供液量（g）	丸粒化包衣时间（min）
1	10	10	3
2	15	15	5
3	20	20	7

表 7-23　冰草种子正交试验方案及试验结果

序号	单次供粉量（g）	单次供液量（g）	丸粒化包衣时间（min）	单籽丸粒化合格率（%）
1	10	10	3	89.7
2	10	15	5	92.7
3	10	20	7	94.3
4	15	10	5	82.3
5	15	15	7	88.7
6	15	20	3	88.7
7	20	10	7	80.0
8	20	15	3	79.3
9	20	20	5	86.7
均值 1	92.2	84.0	85.9	
均值 2	86.6	86.9	87.2	
均值 3	82.0	89.9	87.7	
极差 R_j	10.2	5.9	1.8	

　　根据极差的结果来看，各因素极差值有所不同。根据极差大小排列对丸粒化合格率 3 个影响因素的主次顺序为单次供粉量 > 单次供液量 > 丸粒化包衣时间。

　　冰草种子工艺参数试验结果方差分析见表 7-24。

表 7-24　冰草种子方差分析

因素	偏差平方和	自由度	F	F 临界值
单次供粉量	157.687	2	6.608	5.14
单次供液量	52.22	2	2.188	5.14
丸粒化包衣时间	5.087	2	0.213	5.14
误差	71.59	6		

由方差分析表可以看出，单次供粉量对冰草种子丸粒化包衣合格率的影响显著，对比各个因素的 F 量，对冰草种子丸粒化合格率影响从大到小的顺序依次为单次供粉量、单次供液量、丸粒化时间。结合极差与方差分析表，综合确定为满足更高的丸粒化合格率应选取的工艺参数最优方案为单次供粉量 10g、单次供液量 15g 和丸粒化包衣时间 5min。

根据正交试验结果可以确定牧草种子在进行丸粒化包衣过程中的最佳工艺参数，即单次供粉量、单次供液量及丸粒化包衣时间，试验结果为丸粒化包衣装置种、粉、液供给系统的精确控制提供依据。总结上述内容，牧草种子丸粒化包衣的工艺流程如图 7-46 所示。

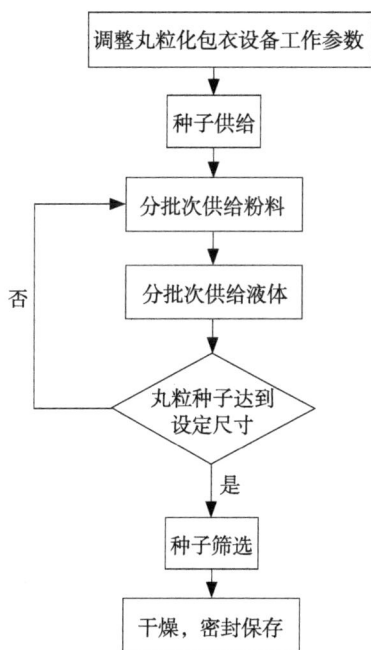

图 7-46　牧草种子丸粒化包衣工艺流程

（1）首先在控制系统中输入最佳工作参数、工艺参数和种、粉比等基本参数，如冰草种子丸粒化包衣时，设定包衣锅振动频率21Hz、包衣锅转速40r/min、包衣锅倾角45°，控制系统自动完成上述参数的调整。输入工艺试验确定的最佳单次供粉量、单次供液量和丸粒化包衣时间。

（2）将种子、粉料分别加入存储桶，将液体加入液体储存箱中。开始工作后，系统将按照设定的丸粒化包衣量将种子供入包衣锅中。

（3）粉料供给系统将根据设定值，供入单次最佳粉料量，通过包衣锅的振动与旋转作用，尽可能使粉料与种子混合均匀，经过30s后，液体供给系统喷入适量的清水，此时固体黏结剂发挥黏结作用，将粉料均匀地黏结在种子表面。

（4）重复第3步，直到所设定粉料供给量供给完成，丸粒化包衣种子达到设定增重比，停止丸粒化包衣。

（5）将加工完成的种子取出后进行筛选，选出颗粒尺寸均匀的种子，放入烘干设备中进行烘干，最后封装保存。

第 8 章
振动力场作用丸粒化包衣种子活性试验

为了探究丸粒化包衣后的冰草种子的生物学及物理学性质，探索不同材料配比下的冰草种子生长特性，确定丸粒化包衣材料的最佳配比组合，本研究进一步开展不同材料配比下（大豆粉与硅藻土）的冰草种子丸粒化包衣试验、发芽试验、丸粒化包衣完整度试验以及植物生长的活性等试验。试验选取天然的冰草种子作为包衣的研究对象，羧甲基纤维素、聚乙烯醇与水的混合溶液作为丸粒化包衣的黏合剂，选用粒径大小为 200μm 的大豆粉（Soy Flour，SF）与细度为 100 目的硅藻土（Diatomaceous Earth，DE）的混合物作为丸粒化包衣试验的粉料，开展丸粒化包衣种子的生长研究的单因素试验。

8.1　丸粒化种子发芽试验研究

发芽率为测试冰草种子发芽数占测试冰草种子总数的百分比。发芽率的高低决定着植被的发芽能力，对植被后期生长有着重要的影响；发芽率作为检测丸粒化种子质量好坏的重要指标之一，其值的大小能够确定丸粒化包衣技术是否会对丸粒化种子的萌发造成抑制作用。因此，开展丸粒化种子的发芽率研究是表征丸粒化种子质量好坏的关键。

采用纸间法测试丸粒化前后冰草种子的发芽情况，确定有、无振动作用与不同材料配比下丸粒化冰草种子的发芽率，具体方法如下：分别从有、无振动作用与不同材料配比与未经任何丸粒化处理对照组冰草种子批次中随机选取 50 粒种子置于预先润湿的发芽试纸上，种子底下铺放两张发芽试纸，上面盖上一张发芽试纸，将覆盖好的发芽纸进行折叠，竖直放置于发芽箱（Model

I-36LL, Perry, IA）内，设定发芽箱在光照时长为16h，维持一个恒定的温度25℃（模拟白天的生长条件），而在无光照时长为8h，维持发芽箱恒定温度15℃（模拟夜晚的生长条件）。每个处理设置4次重复，试验过程如图8-1所示。

图 8-1　发芽过程

以幼苗根长大于2mm记录为种子发芽，每24h记录一次冰草种子的发芽情况。根据作物种子的发芽手册可知：发芽种子在第7d时，记录冰草种子的最大发芽率 G_{max}。由7d累计下冰草种子的发芽情况，绘制累积发芽率曲线，同时将种子的发芽数达到最大发芽率的50%时所用的时间记录为 T_{50}，即为发芽均匀度。

8.1.1　累积发芽率

累积发芽曲线可以清楚地反映出冰草种子在一个生长周期内的整体发芽趋势，而且能表征出有、无振动作用与不同材料配比下丸粒化种子的发芽情况。将每24h记录的有、无振动作用下丸粒化种子与裸种子（对照组）的发芽数据进行分析并绘制累积发芽率曲线，累积发芽率曲线如图8-2所示。

冰草种子被放入发芽箱的48h后开始发芽，在发芽的初期，对照组种子发芽速率要快于丸粒化处理组，而从发芽144h开始，经过丸粒化处理种子发芽速率与对照组发芽速率才开始同步，说明振动力场作用下种子的丸粒化层强度高，丸粒化种子突破丸粒化层萌芽所用的时间较长。当时间达到144h时，丸粒化处理的冰草种子在一定的时间积累下，可以吸收足够的养分并开始加速种子的萌发与生长。在冰草种子放入发芽箱后的 168h（第 7d）时，种子开始停止发芽（折线趋于水平），此时发芽率达到最大，记为最大发芽率 G_{max}。利用数学分析软件 Minitab 对最大发芽率 G_{max} 进行显著性分析（ANOVA，$P<0.05$），分析结果如图 8-3 所示。

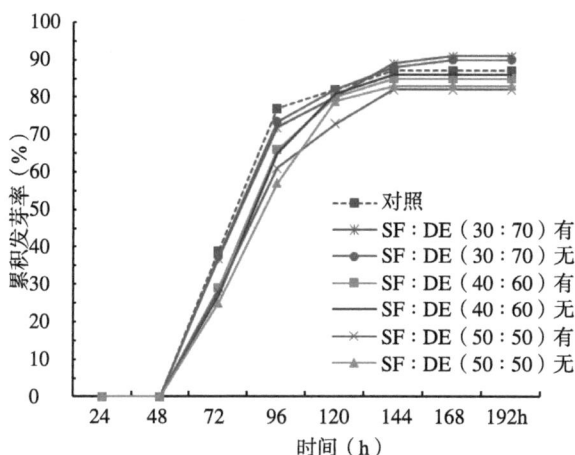

图 8-2　累积发芽率

注：图中的有、无代表有、无振动作用。

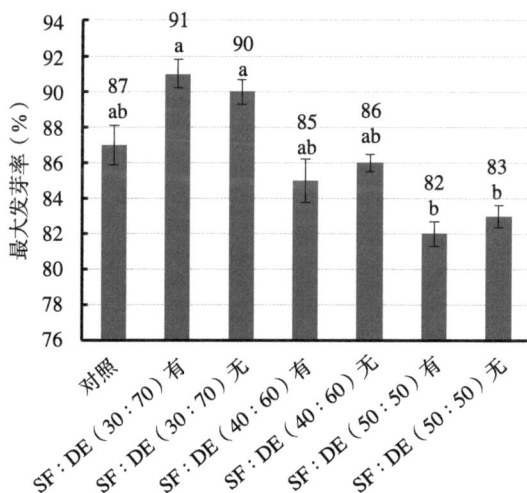

图 8-3　最大发芽率

注：柱形图上方字母代表不同处理间的差异显著性（$P<0.05$）；图中的有、无代表有、无振动作用。

无论有、无振动作用，同一材料配比下丸粒化种子的最大发芽率 G_{max} 均无显著性差异。对照组与丸粒化配方为 SF∶DE（30∶70）的丸粒化种子最大发芽率无显著性差异，与 SF∶DE（40∶60）的最大发芽率有差异，但不显著，与配方为 SF∶DE（50∶50）的最大发芽率存在显著性差异。因此，丸粒化配方为 SF∶DE（30∶70）时，丸粒化种子发芽率最高。

8.1.2　发芽整齐度 T_{50}

T_{50} 作为衡量发芽整齐度的重要指标之一。该值的大小对发芽速率有直接的影响，该值越小证明该批种子的发芽率达到 50% 时所用时长越短，发芽速度越快，同批种子的发芽度越整齐。由冰草种子发芽手册可知 AOSA（2014），发芽整齐度 T_{50} 计算公式如下：

$$T_{50} = \sqrt{t_i + \left[\frac{(N+1)/2 - n_i}{n_j - n_i}\right](t_j - t_i)} \qquad (8\text{-}1)$$

式中：N 为冰草种子的最终发芽数量；n_i 为在 i 时刻冰草种子的发芽数量；n_j 为在 j 时刻冰草种子的发芽数量；$n_i < (N+1)/2 < n_j$。

利用数学分析软件 Minitab 对 T_{50} 数据进行最小显著性差异分析（ANOVA，$\alpha = 0.05$），分析结果如图 8-4 所示。

可以看出，无论有、无振动作用，同一材料配比下丸粒化种子的发芽率均无显著性差异，而对照组与丸粒化配方为 SF∶DE（50∶50）的 T_{50} 存在显

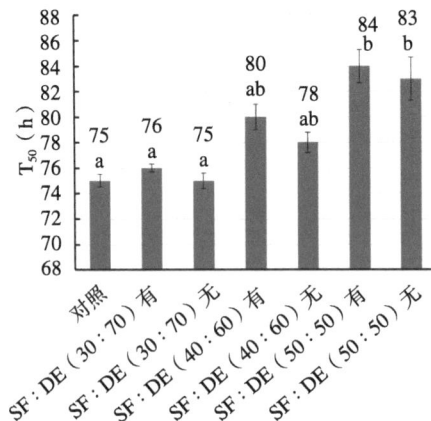

图 8-4　发芽整齐度

著性差异,与 SF∶DE(40∶60)的 T_{50} 有差异,但不显著,与 SF∶DE(30∶70)的 T_{50} 无显著性差异。因此,当丸粒化配方为 SF∶DE(30∶70)时,无论有、无振动作用丸粒化种子发芽情况均最整齐。

8.2　丸粒化冰草种子生长试验研究

根长、茎长作为种子幼苗长势研究的重要指标,其值(平均值)大小直接决定着该批种子的生长能力。由累积发芽率曲线可知,7 个试验组冰草种子均在 168h 后停止发芽。结合冰草种子发芽特点并查阅发芽手册可知:冰草种子的根、茎生长数据可在播种后的第 10d 开始测量,利用精度为 0.1cm,量程为 30cm 直尺对每个处理下的 200 粒冰草种子的根长、茎长进行测量,并利用数学分析软件 Minitab 对根长、茎长数据进行最小显著性差异分析(ANOVA, $\alpha=0.05$),根长、茎长的分析结果如图 8-5 与图 8-6 所示。

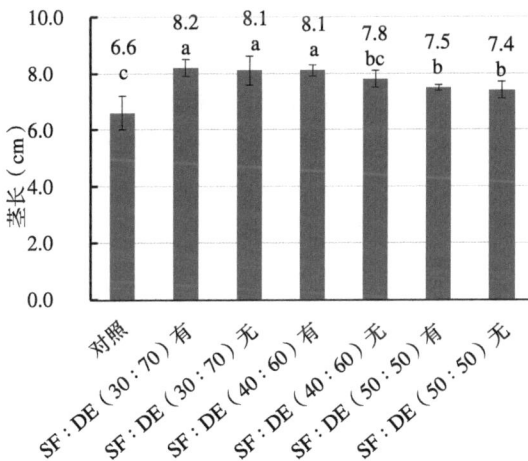

图 8-5　冰草种子茎长

注:柱形图上方字母代表不同处理间的差异显著性($P<0.05$),图中的有、无代表有、无振动作用。

由图 8-5 可以看出,有、无振动作用下丸粒化处理的平均茎长无显著性差异;有、无振动作用下丸粒化冰草种子的平均茎长与对照组平均茎长均存在着显著性差异。有振动作用下丸粒化配方为 SF∶DE(30∶70)、SF∶DE

（40∶50）与SF∶DE（50∶50）的平均茎长存在显著性差异。无振动作用下丸粒化配方为SF∶DE（30∶70）与SF∶DE（50∶50）的平均茎长存在显著性差异，与SF∶DE（40∶60）无显著性差异。因此，丸粒化配方为SF∶DE（30∶70）时，丸粒化种子茎长长势最优。此外，由平均茎长的标准偏差范围大小可以看出，经过振动力场作用下丸粒化冰草种子的标准偏差值较小，说明振动力场作用下丸粒化冰草种子茎长生长更均一，幼苗的长势更好。

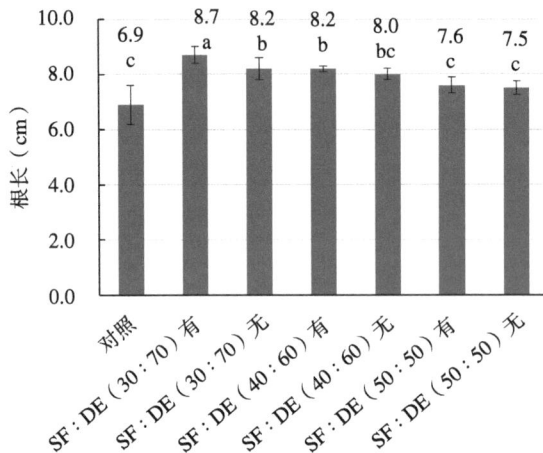

图8-6　冰草种子根长

注：柱形图上方字母代表不同处理间的差异显著性（P<0.05），图中的有、无代表有、无振动作用。

从图8-6可以看出，有、无振动作用下丸粒化配方为SF∶DE（30∶70）时，丸粒化冰草种子平均根长分别为8.7cm、8.2cm，方差分析结果存在显著性差异。有、无振动作用下丸粒化配方为SF∶DE（40∶60）时，丸粒化冰草种子平均根长分比为8.2cm、8.0cm，方差分析结果有差异，但不显著。有、无振动作用下丸粒化配方为SF∶DE（50∶50）时，丸粒化冰草种子平均根长分别为7.6cm、7.5cm，方差分析结果无显著性差异。

由图中根长标准偏差范围的大小可以清楚地看出，经过振动力场作用下丸粒化处理的冰草种子标准偏差值较小，说明经过振动力场作用下丸粒化冰草种子生长更均一，幼苗长势更好。

综上，当丸粒化配方为SF∶DE（30∶70）时，无论有、无振动作用下丸粒化处理冰草种子的平均根长、平均茎长均长势最优；6组丸粒化处理冰草种子的平均根长与对照组的平均根长均存在着显著性差异，且均优于对照组。

8.3　丸粒化种子根茎增长率研究

为了进一步确定有、无振动作用与不同材料配比下丸粒化处理冰草种子幼苗与对照组幼苗相比具有显著性差异，由丸粒化试验所测得的根、茎长度数据，计算出 6 组丸粒化处理冰草种子的根、茎增长率，根、茎增长率计算公式如下：

$$RI = \left(\frac{PR - CR}{CR} \right) \times 100\% \qquad (8\text{-}2)$$

$$SI = \left(\frac{PS - CS}{CS} \right) \times 100\% \qquad (8\text{-}3)$$

式中：RI 为根长增长率（%）；PR 为丸粒化种子的平均根长（cm）；CR 为对照组平均根长（cm）；SI 为茎长增长率（%）；PS 为丸粒化种子平均茎长（cm）；CS 为对照组平均根长（cm）。

由公式（8-1）、公式（8-2）确定有、无振动作用与不同材料配比下丸粒化种子的根、茎增长率，并利用数学分析软件 Minitab 对根、茎增长率进行最小显著性差异分析处理（ANOVA，$\alpha=0.05$），分析处理结果如图 8-7 所示。

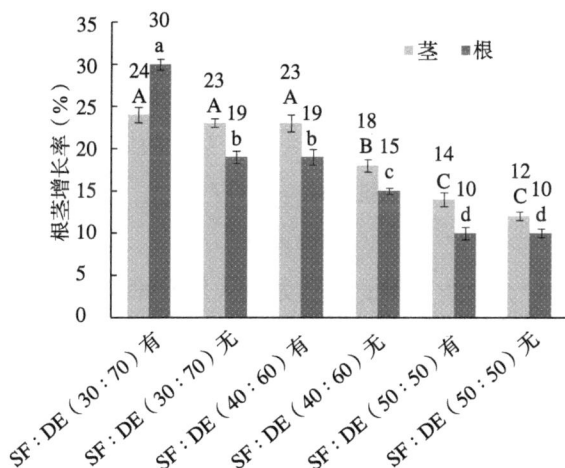

图 8-7　根茎增长率

注：图中的有、无代表有、无振动作用，柱状图上方的大写字母为茎长增长率的显著性分析结果（$P<0.05$），小写字母为根长增长率的显著性分析结果（$P<0.05$）。

由图 8-7 可以看出，当丸粒化配方为 SF ：DE（30 ：70）时，有、无振动作用下茎长增长率分别为 30%、23%，存在着显著性差异；当丸粒化配方为 SF ：DE（40 ：60）时，有、无振动作用下茎长增长率分别为 23%、18%，存在着显著性差异；当丸粒化配方为 SF ：DE（50 ：50）时，有、无振动作用下茎长增长率分别为 14%、12%，无显著性差异；当丸粒化配方为 SF ：DE（30 ：70）时，有、无振动作用下根长增长率分别为 30%、19%，存在着显著性差异；当丸粒化配方为 SF ：DE（40 ：60）时，有、无振动作用下根长增长率分别为 19%、15%，存在着显著性差异；当丸粒化配方为 SF ：DE（50 ：50）时，有、无振动作用下根长增长率分别为 10%、10%，无显著性差异。

综上所述，无论有、无振动作用丸粒化处理的冰草种子均具有极好的根、茎生长特征，当丸粒化配方分别为 SF ：DE（30 ：70）与 SF ：DE（40 ：60）时，有振动作用根长增长率要明显优于无振动作用，存在着显著性差异，说明振动力场的引入促使丸粒化层材料组分分布更均匀，有利于营养成分在植株体内的运转和吸收。因此，大豆粉（SF）与硅藻土（DE）的混合物作为丸粒化配方具有明显地促进植被根系生长及增强植株活性的作用。

8.4　丸粒化种子活力指数

种子活力指数作为评判种子长势好坏的重要指标之一，其值的大小能够确定丸粒化处理下冰草种子的生物活性及植株长势。种子活力指数是由冰草种子的最大发芽率（G_{max}）及幼苗长度（SL）共同决定的，其公式如下：

$$SL \times G_{max} = SVI \tag{8-4}$$

$$S + R = SL \tag{8-5}$$

式中：SVI 为种子活力指数；G_{max} 为最大发芽率（%）；S 为茎长（cm）；R 为根长（cm）；SL 为幼苗长度（cm）。

将前述试验所测量根长、茎长结果带入丸粒化种子活力指数 SVI 中，利用数学分析软件 Minitab 对种子活力指数（SVI）进行最小显著性差异分析（ANOVA，$\alpha=0.05$），分析结果见图 8-8 所示。

由图可以看出，当丸粒化配方为 SF ：DE（30 ：70）时，有、无振动作用的种子活力指数分别为 15.4、14.7，方差分析结果存在显著性差异；当丸粒化

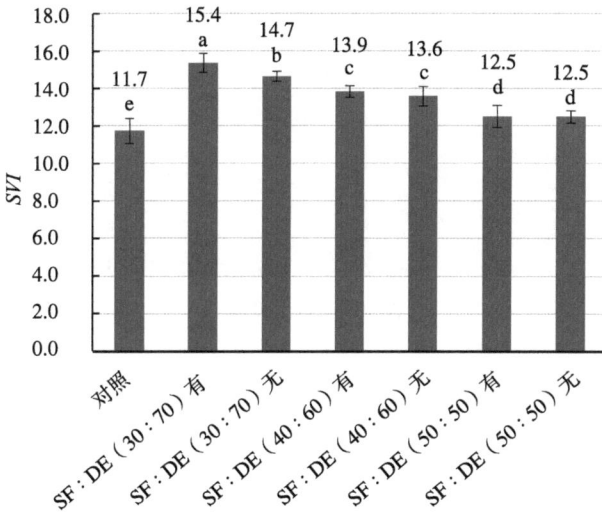

图 8-8　种子活力指数

注：柱形图上方字母代表不同处理间的差异显著性（$P<0.05$），图中的有、无代表有、无振动作用。

配方为 SF∶DE（40∶60）时，有、无振动作用下种子活力指数分别为 13.9、13.6，方差分析结果无显著性差异；当丸粒化配方为 SF∶DE（50∶50）时，有、无振动作用下种子活力指数分别为 12.5、12.5，方差分析结果无显著性差异；对照组活力指数为 11.7，6 组丸粒化处理种子活力指数与对照组种子活力指数方差分析结果均存在着显著性差异。无论有、无振动作用，丸粒化配方为 SF∶DE（30∶70）时，丸粒化种子的种子活力均明显优于其他处理组种子活力。

8.5　丸粒化种子幼苗干重

种子幼苗干重作为评价丸粒化处理种子长势好坏的重要指标之一，其定义为去除植株幼苗细胞内全部水分后幼苗的质量。选用 GALLENKAMP Plus Oven 烘干设备对 8.2 中测量根茎后的植株进行脱水处理，对脱去水分子后的植株进行称重，称量 6 组丸粒化种子的幼苗干重。

将不同丸粒化处理下的幼苗均匀分成 4 份，并将分好后的幼苗放入烘干袋内待烘干。设定烘干箱温度为 50℃，烘干时长为 24h，将所烘干幼苗脱去全部水分后再移出烘干箱，并取出纸袋内脱水后的幼苗，放在量程为 200g，精度为 0.001g 天平上进行称重，其烘干过程如图 8-9 所示。

图 8-9　烘干处理

对经过 24h 烘干处理的幼苗质量进行称重，测量烘干后每个袋子内植株干重的质量，再将称重结果利用 Minitab 进行最小显著性差异分析（ANOVA，$\alpha=0.05$），分析结果见图 8-10 所示。

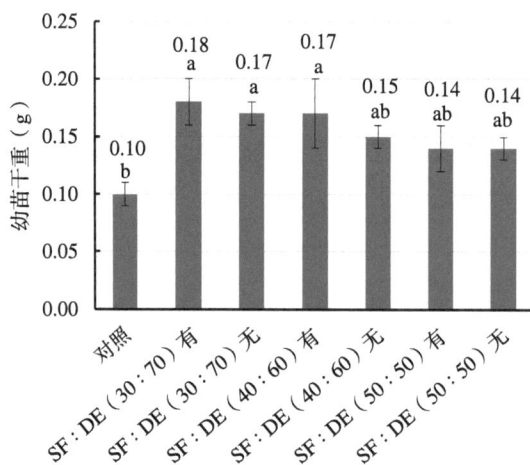

图 8-10　种子幼苗干重

注：柱形图上方字母代表不同处理间的差异显著性（$P<0.05$），图中的有、无代表有、无振动作用。

由图可以看出，当丸粒化配方为 SF∶DE（30∶70）时，有、无振动作用下种子幼苗干重分别为 0.18g、0.17g，方差分析结果无显著性差异；当丸粒化配方为 SF∶DE（40∶60）时，有、无振动作用下种子幼苗干重分别为 0.17g、0.15g，方差分析结果无显著性差异；当丸粒化配方为 SF∶DE（50∶50）时，有、无振动作用下幼苗干重分别为 0.14g、0.14g，方差分析结果无显著性差异；对照组幼苗干重为 0.10g，6 组丸粒化处理种子幼苗干重与对照组种子幼苗干重均存在着显著性差异。无论有、无振动作用，丸粒化配方为 SF：DE（30：70）的幼苗干重最优，丸粒化冰草种子的发芽情况最好，丸粒化活性高，具有较优的生物学性能；而振动力场的引入，可以促进粉料充分接触且均匀混合，提高冰草种子丸粒化品质，提高植物根系吸收营养的能力，提高丸粒化种子的生长活力。

丸粒化包衣是实现小粒牧草种子机械化播种、改善种子发芽和生长性能的必要手段，不仅能够提高牧草种子播种效率、节约种子用量，同时能够提高种子发芽率与成活率，对干旱、半干旱地区荒漠化植被恢复具有重要意义。本研究针对现有种子丸粒化包衣设备丸粒化合格率低、机理研究不足及不同类型种子适应性弱等问题，提出将振动力场引入传统旋转式种子丸粒化包衣中，利用振动与旋转的复合运动来促进种子与种衣剂的均匀且充分地混合，匹配适合的运行参数提高丸粒化合格率及作业品质，进而探索牧草种子丸粒化包衣机理，结合丸粒化包衣工艺，发展出提高小粒牧草种子丸粒化包衣质量的关键技术。本研究的相关研究方法与结论为开发牧草种子丸粒化包衣设备及类似工作效率高、包衣效果好、丸粒化种子质量高的新型丸粒化包衣设备提供理论基础与技术依据。

参考文献

白永飞，潘庆民，邢旗，2016. 草地生产与生态功能合理配置的理论基础与关键技术 [J]. 科学通报，61（2）：201-212.

采编部，刘源，2017. 2016 年全国草原监测报告 [J]. 中国畜牧业（8）：18-35.

常瑛，魏廷邦，臧广鹏，等，2020. 种子丸粒化技术在小粒种子中的研究与应用 [J]. 中国种业（11）：18-21.

陈利杰，2018. 基于振动作用的牧草种子丸粒化包衣仿真与试验研究 [D]. 呼和浩特：内蒙古农业大学.

陈利杰，陈智，侯占峰，等，2018. 基于振动作用的牧草种子丸粒化包衣参数的试验研究 [J]. 农机化研究，40（10）：189-193.

陈志伟，李世峰，刘锋，2021. 基于改进 Otsu 算法的芯片识别分类系统 [J]. 微电子学与计算机，38（4）：6-10.

仇义，2020. 振动力场作用下冰草种子丸粒化机理及其丸粒活性研究 [D]. 呼和浩特：内蒙古农业大学.

戴念祖，侯占峰，仇义，等，2022. 振动特性对冰草种子混合均匀性影响的数值模拟 [J]. 内蒙古农业大学学报（自然科学版），43（3）：80-85.

董晨希，武甜，吕兴坤，2017. 基于 EDEM 对振动搅拌的仿真分析 [J]. 机械研究与应用，30（1）：38-41.

韩柏和，陈凯，吕晓兰，等，2018. 国内外种子丸粒化包衣设备发展现状及存在问题 [J]. 中国农机化学报，39（11）：51-55, 71.

何军庆，2008. 基于 MCGS 组态软件和 PLC 控制的微型全自动高效包衣机的研究试制 [D]. 南昌：南昌大学.

何祖欣，毛培胜，孙彦，等，2016. 草类种子包衣技术现状综述 [J]. 草地学报，24（2）：270-277.

洪涛，赵佃云，2017. 高速摄像环境下航天电连接器分离边缘提取算法 [J]. 中国机械工程，28（9）：1074-1078.

胡志超，田立佳，王海鸥，等，2006. 种子丸粒化设备的设计及其试验 [J]. 西北农林科技大学学报，34（11）：227-230.

黄维，史云建，2017. 5BW50-100 型智能种子包衣机 [J]. 科技风（6）：25.

黄文，2023. 提高新麦草（*Psathyrostachys juncea*）种子流动性及萌发速率的丸粒化包衣方法研究 [D]. 乌鲁木齐：新疆农业大学.

纪培国，2017. 新型种子包衣机中静电雾化装置的研究 [D]. 哈尔滨：哈尔滨理工大学.

贾莉，2012. 5BY-5.0（10）V 型种子包衣机 [J]. 农机科技推广（2）：56.

姜玉龙，2007. 基于 LPC2131 种子包衣机控制部分的实现 [D]. 南昌：南昌大学.

李建军, 史春梅, 孟庆祥, 等, 2019. 5BY 型种子包衣机最佳工艺参数研究 [J]. 种子, 38（6）: 13-18.

李彦君, 2013. 人脸五官定位算法研究 [D]. 太原: 中北大学.

李永祥, 李飞翔, 徐雪萌, 等, 2019. 基于颗粒缩放的小麦粉离散元参数标定 [J]. 农业工程学报, 35（16）: 320-327.

刘凡一, 张舰, 李博, 等, 2016. 基于堆积试验的小麦离散元参数分析及标定 [J]. 农业工程学报, 32（12）: 247-253.

刘峥延, 毛显强, 江河, 2019. "十四五"时期生态环境保护重点方向和任务研究 [J]. 中国环境管理（3）: 40-45.

刘志民, 余海滨, 2022. "山水林田湖草沙生命共同体"理念下的科尔沁沙地生态治理 [J]. 中国沙漠, 42（1）: 34-40.

马晓年, 董玉英, 张瑞雨, 等, 2016. 大豆粉中水分含量测定的研究 [J]. 安徽农业科学, 44（28）: 99-101.

马源, 王晓丽, 王彦龙, 等, 2023. 生态恢复领域草种丸粒化研究进展 [J]. 草业学报, 32（4）: 197-207.

木茗, 2019. 种子加工走向智能化: 亲密接触德国巨头佩特库斯最新科技 [J]. 当代农机（1）: 32-33.

桑杰, 赵春宇, 朱成刚, 2015. BY-150 型种子包衣机检测控制系统设计 [J]. 农机化研究, 37（3）: 83-86.

沈慎, 赵春宇, 陈大跃, 2005. 基于 LPC2114 的农用种子包衣机嵌入式控制系统设计 [J]. 工业仪表与自动化装置（6）: 34-36.

宋英, 张健, 曲桂宝, 2011. 种子加工技术及设备发展综述 [J]. 农机质量与监督（11）: 22-23, 30.

孙宏佳, 2014. 基于机器视觉的花生种子自动识别系统设计 [D]. 哈尔滨: 哈尔滨理工大学.

王关平, 王咏梅, 牛彩霞, 等, 2013. 基于简易专家系统的智能种子包衣机控制实现 [J]. 农业机械（19）: 152-155.

王颖, 崔向新, 金娟, 等, 2015. 围栏封育对典型草原土壤特征的影响 [J]. 北方园艺（10）: 155-158.

王志鹏, 李永祥, 徐雪萌, 2021. 基于堆积试验的小米离散元参数标定 [J]. 中国粮油学报, 36（2）: 115-120.

温海江, 高春光, 梁全, 等, 2002. 丹麦 CIMBRIA HEID CC20 型旋转式种子包衣机简介 [J]. 现代化农业（11）: 45.

邬梦娇, 2015. 基于火焰数字图像处理的燃料识别研究 [D]. 北京: 华北电力大学.

吴春生, 戈永杰, 梁全, 等, 2001. 德国 PETKUS CT2-10 型种子包衣机简介 [J]. 现代化农业（7）: 37-38.

邢洁洁, 张锐, 吴鹏, 等, 2020. 海南热区砖红壤颗粒离散元仿真模型参数标定 [J]. 农业工程学报, 36（5）: 158-166.

杨婉霞，赵武云，杨梅，2014. 基于专家系统的智能化种子包衣机控制系统研制 [J]. 中国农机化学报，35（1）：216-219，248.

尤瑛，2019. 椭球形片剂包衣过程的数值模拟研究 [D]. 杭州：浙江大学.

张佳丽，房俊龙，马文军，等，2018. 我国种子包衣机的概况研究及未来展望 [J]. 农机使用与维修（11）：22-23.

张帅扬，吕程序，白圣贺，等，2022. 油菜种子甩盘式丸粒化加工试验与参数优化 [J]. 农业机械学报，53（S2）：131-140.

张西良，张建，李萍萍，等，2008. 粉体物料流动性仿真分析 [J]. 农业机械学报（8）：196-198.

赵博，王烨，董鑫，等，2019. 苏叶在线分选系统设计与试验 [J]. 农业机械学报，50（6）：156-162，172.

赵正楠，张西西，王涛，2013. 种子丸粒化技术研究进展 [J]. 中国种业（5）：18-19.

郑述东，史志明，曹亮，等，2019. 小粒种子丸粒化包衣技术的推广应用研究 [J]. 农业开发与装备（11）：56，64.

周慧茹，2023. 谷子种子丸粒化机理与参数优化研究 [D]. 大庆：黑龙江八一农垦大学.

周龙海，2017. 垂直螺旋输送的 EDEM 仿真与试验研究 [D]. 杭州：浙江工业大学.

Andrew L，Guzzomi，Todd E，et al.，2016. Flash flaming effectively removes appendages and improves the seed coating potential of grass florets[J]. Restoration Ecology，24（S2）：S98-S105.

Behjani M A，Rahmanian N，Nur F B A G，et al.，2017. An investigation on process of seeded granulation in a continuous drum granulator using DEM[J]. Advanced Powder Technology，28（10）：2456-2464.

Kumar S，Saini C S，2016. Study of various characteristics of composite flour prepared from the blend of wheat flour and gorgon nut flour[J]. International Journal of Agriculture，Environment and Biotechnology，9（4）：679-689.

MasoumeA，AnilN，Huang W C，et al.，2016. Investigation of soy Protein-based biostimulant seed coating for broccoli seedling and plant growth enhancement[J]. HortScience，51（9）：1121-1126.

Mehrdad Pasha，Colin Hare，Mojtaba Ghadiri，et al.，2017. Inter-paricle coating variability in a rotary batch seed coater[J]. Chemical Engineering Research and Design，120：92-101.

Mehrdad P，Colin H，Mojtaba G，et al.，2017. Inter-particle coating variability inarotary batch seed coater[J].Chemical Engineering Research and Design，120：92-101.

Tamilselvi P，Manohar Jesudas D，2016. A study on physical properties of pelleted carrot（*Daucus carota* L.）seeds[J]. Advances in Life Sciences，5（4）：1220-1224.

Park H I，Shim H S，Li N C，et al.，2013. Effect of priming and seed pellet technique for improved germination and growth in *Fraxinus rhynchophylla* and *Alnus sibirica*[J]. Korean J

Medicinal Crop Sci, 21（1）: 7-19.

Pasha M , Hare C , Ghadiri M , et al., 2017. Inter-particle coating variability in a rotary batch seed coater[J].Chemical Engineering Research and Design, 120: 92-101.

Pedrini S, Balestrazzi A, Madsen M D, et al., 2020. Seed enhancement: Getting seeds restoration-ready[J]. Restoration Ecology（28）266-275.

Peltonen J, Saarikko E, Weckman A, 2006. Coated seed and method for coating seeds[J]. Journal of Suzhou University, 22（3）: 41-42.

Podlaski S, Chrobak Z, Wyszkowska Z, 2003. The effect of parsley seed hydration treatment and pelleting on seed vigour[J]. Plant Soil Environ, 49（3）: 114-118.

Potjana Sikhao, Alan G Taylor, Edward T Marino, et al., 2015. Development of seed agglomeration technology using lettuce and tomato as model vegetable crop seeds[J]. Scientia Horticulturae, 184: 85-92.

Trefilov R A, Dorodov P V, Kasatkin V V , et al., 2020. Evaluation of the process of pelleting for pre-sowing treatment of flax seeds[J]. IOP Conference Series: Earth and Environmental Science, 421（6）.

Sakai M, Abe M, Shigeto Y, et al., 2014. Verification and validation of a coarse grain model of the DEM in a bubbling fluidized bed[J]. Chemical Engineering Journal, 244: 33-43

Taylor A G, Allen P S, Bennett M A, 1998. Seed enhancements[J].Seed Science Research, 8（2）: 245-246.

Thakur S C, Ooi J Y, Ahmadian H, 2016. Scaling of discrete element model parameters for cohesionless and cohesive solid[J].Powder Technology, 293: 130-137

Wang S M, Wang D C, Zhu Q Y, et al., 2007. Measuring and controlling system based on computer for seed processing equipment[J]. Transactions of the Chinese Society of Agricultural Engineering, 23（8）: 122-125.

Yang L F, Gao H D, Gu M Y, et al., 2019. Screening of pellet formulas for *Caragana korshinskii* Kom. seeds[J]. Journal of Nanjing Forestry University（Natural Sciences Edition）, 2019, 43（5）: 9-15.

Zhu M, Chen H J, Li Y L, 2012. Retrospect and prospect of seed processing industry in China[J]. Transactions of the Chinese Society of Agricultural Engineering, 28（2）: 1-6.